知らないとトラブルの元！

バイク整備の基礎知識

これだけは押さえたい！ ネジとボルトの扱い方

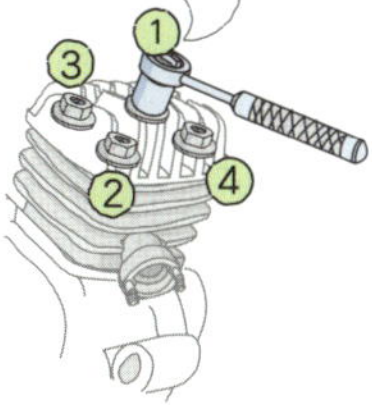
対角に半回転ずつゆるめていく
1
3
2
4

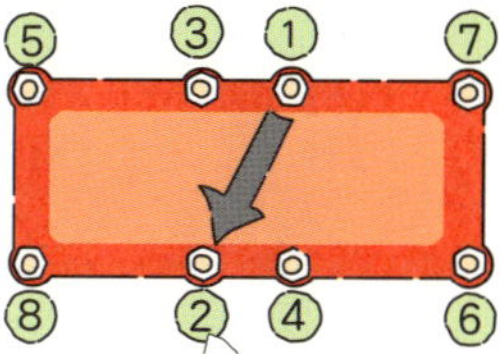
5
3
1
7
8
2
4
6
内側から対角に仮締めしていく

ネジを締める、ゆるめるにも、守らなければいけない基本があります。（詳しくは本文34ページ参照）

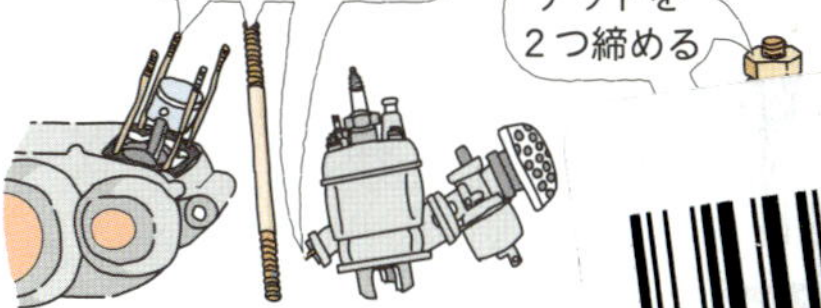
スタッドボルト
ナットを2つ締める

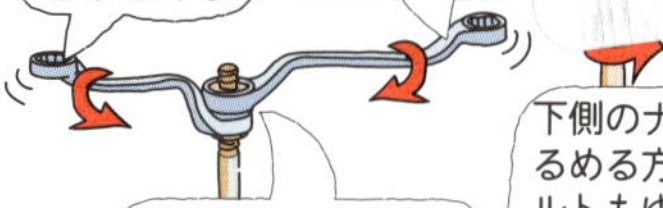
下側のナットをゆるめる
上側のナットを締める
2つのナットを固く締めて固着させる
下側のナットだけをゆるめる方向に回すとボルトもゆるむ。上側のナットを締める方向に回すとボルトは締まる

エンジンに使われているスタッドボルトは、ダブルナットを使わないと、締めることもゆるめることもできません。（詳しくは本文38ページ参照）

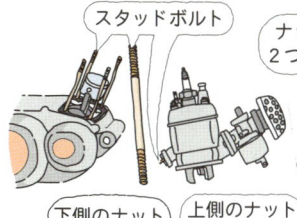

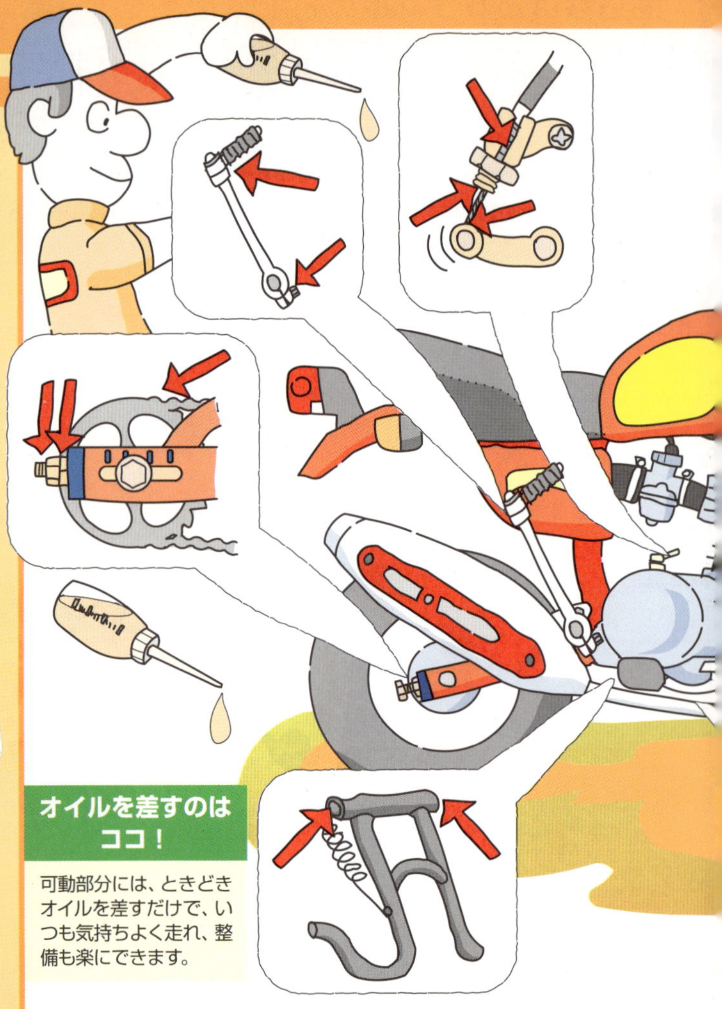

オイルを差すのはココ！

可動部分には、ときどきオイルを差すだけで、いつも気持ちよく走れ、整備も楽にできます。

スクーターの後輪ブレーキにも忘れずに。

知っていると便利！　スプレーの上手な使い方

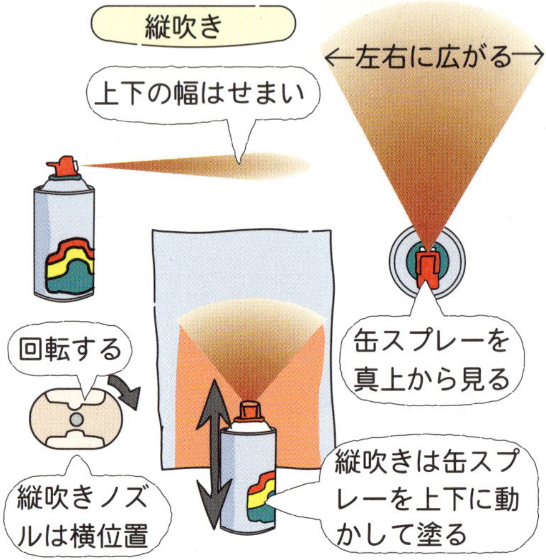

回転する缶スプレーのノズルは、縦吹き、横吹きを使い分けます。
（詳しくは本文187ページ参照）

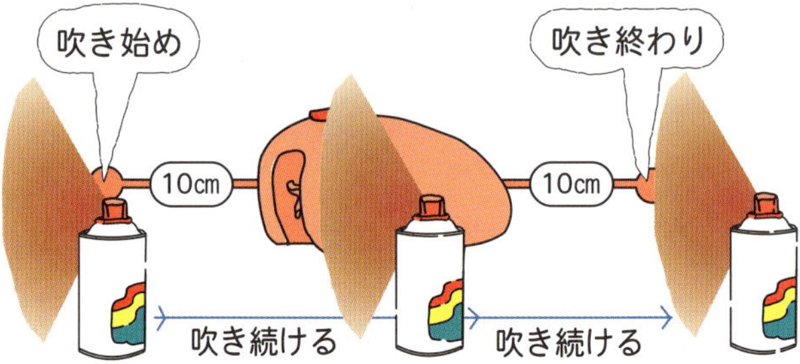

吹き始めと吹き終わりをどこにするかで、仕上がりは大きく違います。（詳しくは本文186ページ参照）

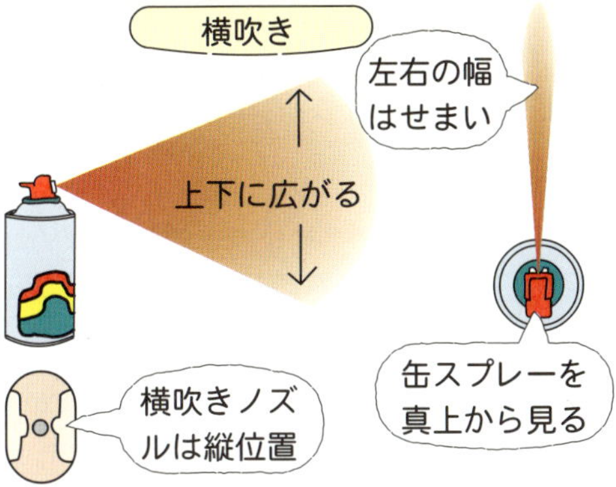
横吹き
左右の幅はせまい
上下に広がる
缶スプレーを真上から見る
横吹きノズルは縦位置

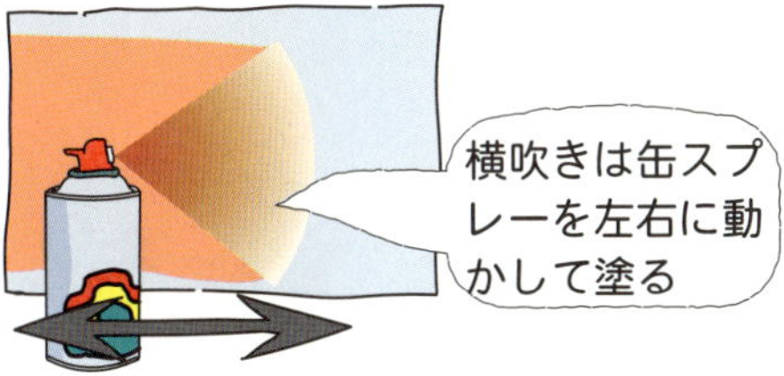
横吹きは缶スプレーを左右に動かして塗る

塗装面に対して直角を保ちながら吹く

オリジナル塗装で、世界に1台だけの愛車に変身します。缶スプレーの使い方をマスターすれば、難しいことではありません。

これで差がつく！
カッティングシートの切り方・貼り方

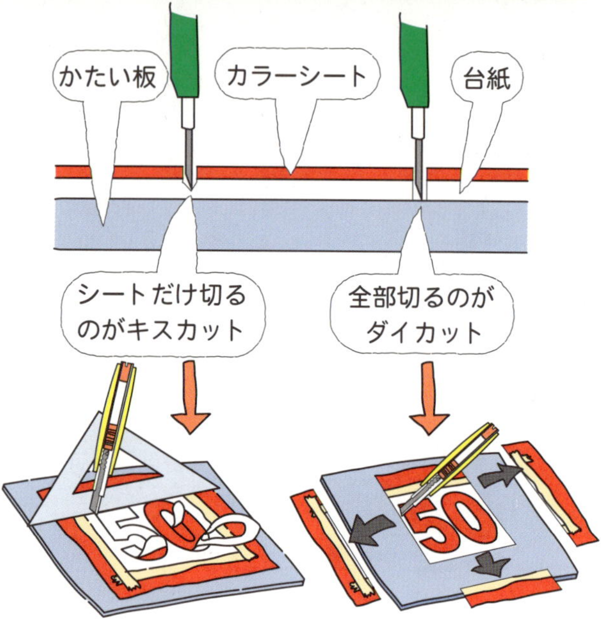
かたい板
カラーシート
台紙
シートだけ切るのがキスカット
全部切るのがダイカット
50
50

カッティングシートは2つの切り方で作業を進めます。
（詳しくは本文221ページ参照）

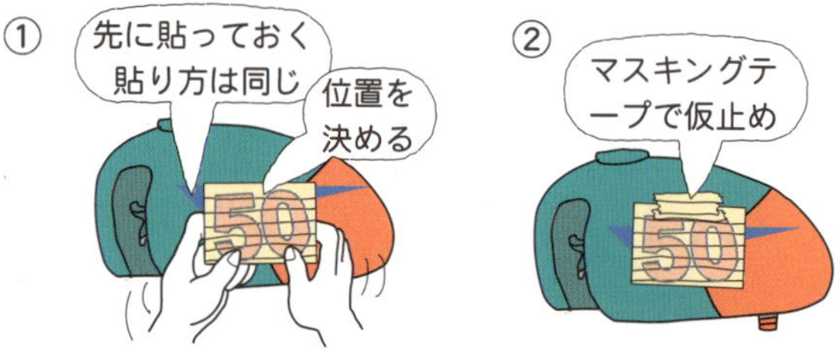
①
先に貼っておく貼り方は同じ
位置を決める
②
マスキングテープで仮止め
50
50

③
台紙をはがす

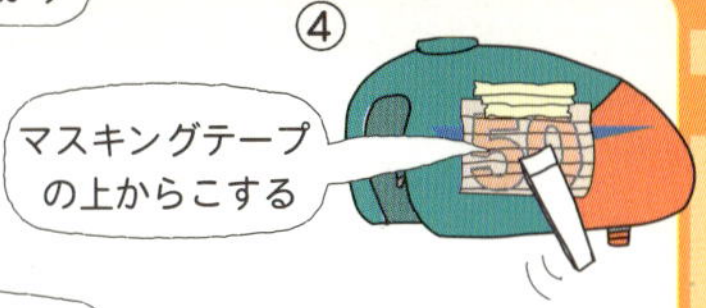
④
マスキングテープ
の上からこする

⑤
マスキングテー
プをはがせば文
字は転写される

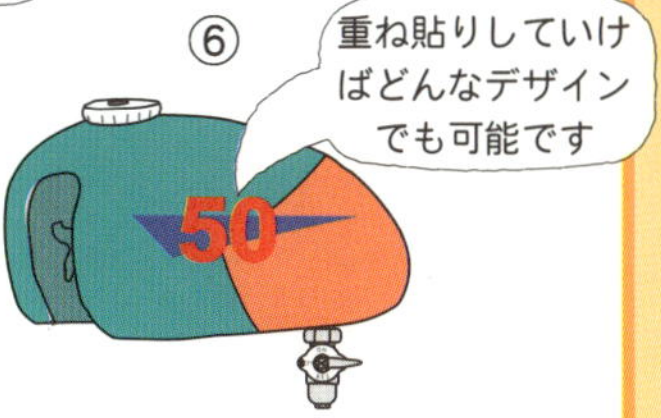
⑥
重ね貼りしていけ
ばどんなデザイン
でも可能です

複雑なデザインでも、キスカットをしてから、台紙をダイカットし、貼る位置を見ながら自由に調整すれば、ピタリと決まります。

カッティン
グシート
カッティングシート

文具店で入手できるカッティングシートは、カラーも模様も豊富です。少し手間をかけて貼るだけで、大胆に雰囲気をチェンジできます。

エンジンのグレードアップもできる！
オーバーホール

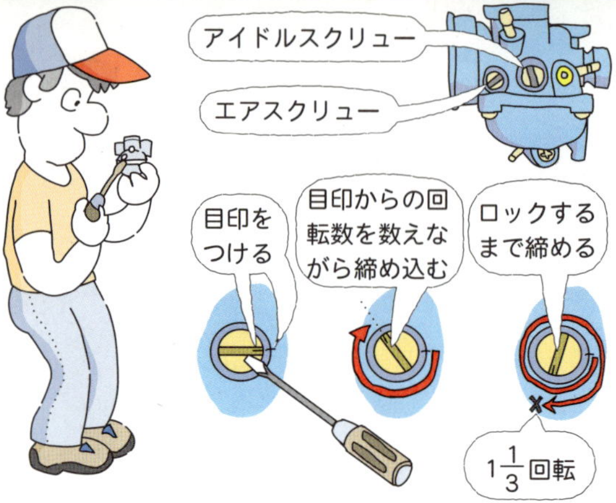

キャブレターのオーバーホールでは、各スクリューが何回転で締まっているかを知ることが大切です。(詳しくは本文240ページ参照)

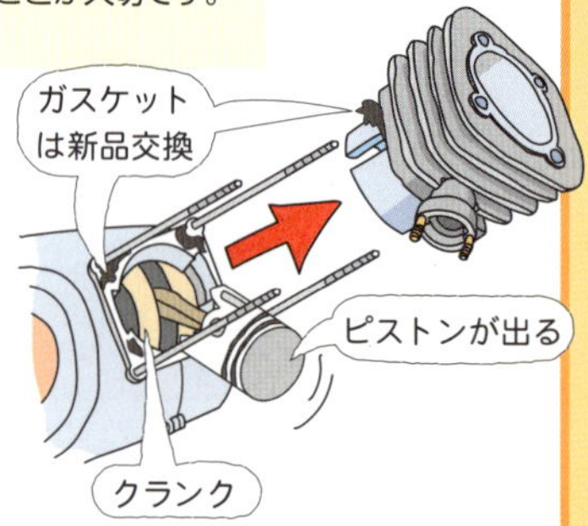

2サイクルエンジンのオーバーホールやボアアップをするなら、組み上げるときに焼きつき防止のための手順があります。(詳しくは本文264ページ参照)

イラスト完全版 イトシンのバイク整備テク

伊東 信

講談社+α《プラスアルファ》文庫

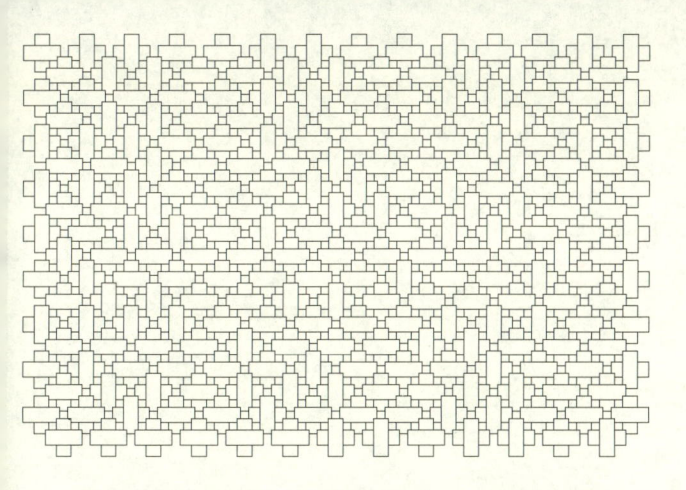

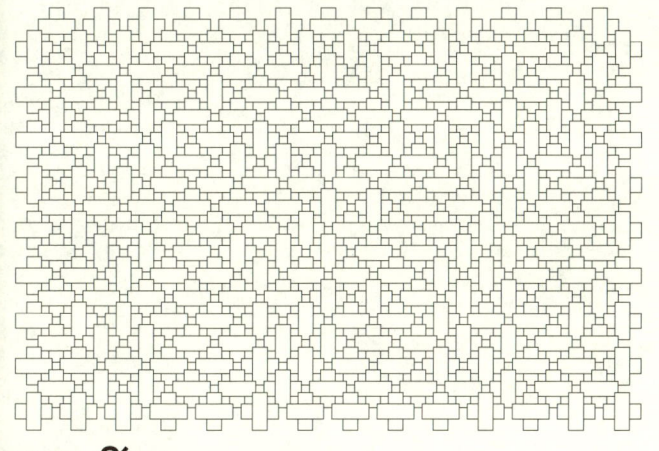

はじめに

なんとなく調子が悪い愛車を、自分で整備して快調に走ったときの高揚した気持ちは、体験した本人にしかわかりません。
改造部品を取り付けたり、アクセサリーの取り付けでも、少しのメカ知識があるかどうかで、仕上がりの結果はかなり違ってきます。
メカいじりだからといって、最初からエンジンを分解……なんて思わないでください。あまりにもプレッシャーがかかりすぎて失敗の原因になります。
まずは誰にでもできる簡単な整備から始めて、工具にもメカにも慣れるのが先決。それぞれ基本的な扱い方を覚えれば、あとはその応用でどんどん先に進めます。
僕も最初はひどいものでした。バックミラーをゆるめて角度の調整をしようとしたのに、ナットがびくとも動かないのです。サビのない新しいナットがゆるまないのです。
じつはこのナットは逆ネジだったのです。ゆるめるつもりが一生懸命締めていた。こんな初歩的なこともわからずにメカいじりを始めたのです。
最初のパンク修理は、1日かかってもタイヤが入りませんでした。ネジ類を強く締めすぎてバカネジにするくせは、今も直っていません。

今になって思えば、ちょっとしたコツや、そんなことは常識、ということがわからなかったのです。
メカいじりを始めて、この常識的なあたりまえのことですごく悩んだのです。本書はその体験から、初歩的なことに重点を置いて書きました。この入り口でつまずかないで、スムーズに通過する手助けになりたいのです。
文中で使っている部品名などは、一般的に使われている通称名になっていますが、バイク店で部品注文をしても通じる名称だと思います。もっとメカに深入りすれば、長い正式名称も自然に覚えられると思います。
バイク整備のプロやベテランでも、みんな山ほどの失敗を繰り返しています。命にかかわらないくらいの失敗なら、悩んで困ってつまずきながらの失敗も、あとになれば楽しいものです。
何事もそうだと思いますが、頭の中でわかっていることと、実際に体験することには違いがあります。頭ではなく、失敗しながら体で覚えることがいちばんの近道です。
まずメカに慣れるために、愛車のビスやナットの「増し締め」をやってみてください。驚く発見があるはずです。それから徐々にステップアップして、もっと高度で複雑なメカニックに挑戦してもらえたら、それは最高にうれしいことです。

伊東《いとう》　信《しん》

◉目次

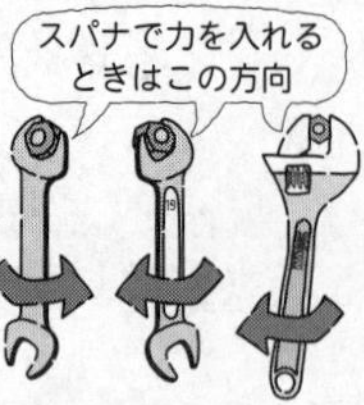

スパナで力を入れる
ときはこの方向
19

ねじ切って頭が出
ていないときは…

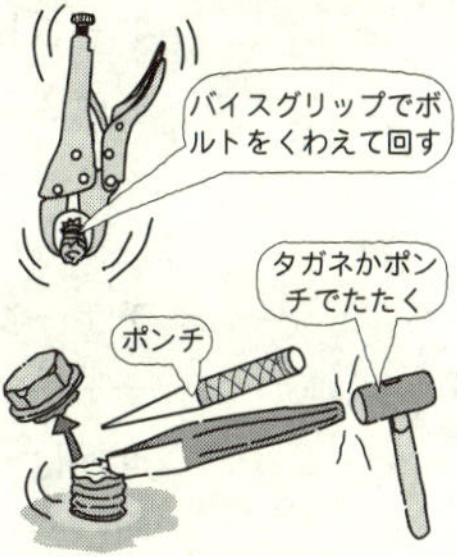
バイスグリップでボルトをくわえて回す
タガネかポンチでたたく
ポンチ

ガソリンスタンドやバイク店には廃油専用の容器がある

第3章　自分でできるオーバーホール

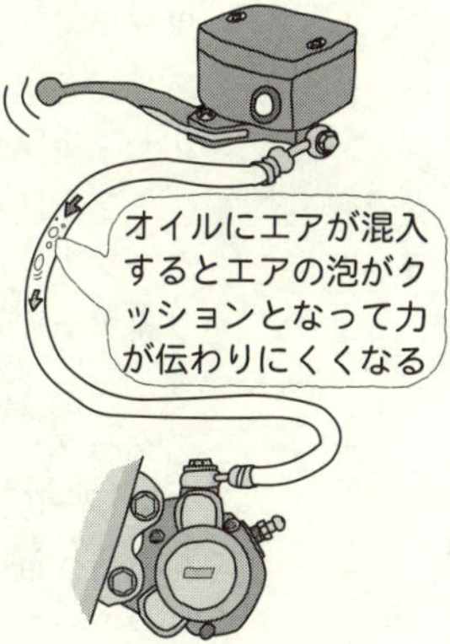

ゆっくり走って
何度もブレーキ
の利きを確かめる

強くキックしながらナットを締める

ドライバーで削る
ハンマーで軽くたたく

ガソリンホースよしっ！
オイルホースもよ～し！
部品は確実に
取り付けていく

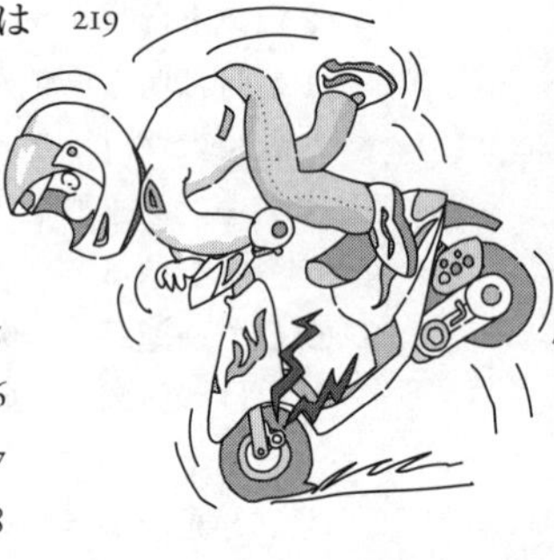

スクーターに多い負圧コックは何もしない
隠れている

形も材質もいろいろなフロート
〝ベロ〟はいじらないこと

手で締めるだけ
の仮締めでＯＫ

快調！

イラスト完全版
イトシンのバイク整備テク

第1章

バイク整備の基礎知識

工具について

バイクやスクーターのメカいじりでは、どんな小さな整備や調整でも、それなりの工具が必要になります。整備のプロでも工具類が揃っていないと作業はできません。メカいじり初心者は、まず必要最小限の自分専用の工具を揃えましょう。

初めに工具ありき

ホームセンターなどでは、ハンマーやスパナ、ドライバーなど、必要といわれるものは一通り揃った工具セットが、驚くほどの安価で売られています。使ってみたのですが、弱くて整備や調整では工具のほうが負けてしまいました。
見た目はきれいなメッキもすぐにはがれて、その傷からサビが出てしまいました。全部がそうではないでしょうが、バイクの整備や調整に使うには力不足の工具だと思います。
単品売りのスパナやドライバーはホームセンターにもあります。値段は高くなりますが、最低でもこのクラスのセットが必要です。たった1ヵ所ネジがゆ

るまないだけで、作業を中断することもあるほど、工具は重要な戦力なのです。
一度揃えれば一生ものの工具です。少し無理をしてもいいものを揃えたほうが、気持ちよく整備ができます。といっても、一度に全部揃えるのは大変なので、必要になったときに買い足していけばいいのです。

車載《しやさい》工具は緊急用

スクーターにはつきませんが、バイクには車載工具がついています。ある程度の工具が揃っていますが、これを整備に使うとなると、大きさも強度的にも問題が多くて使いものになりません。でも、スパークプラグを抜くためのプラグレンチだけは、車種にぴったり合う専用工具なので使えます。

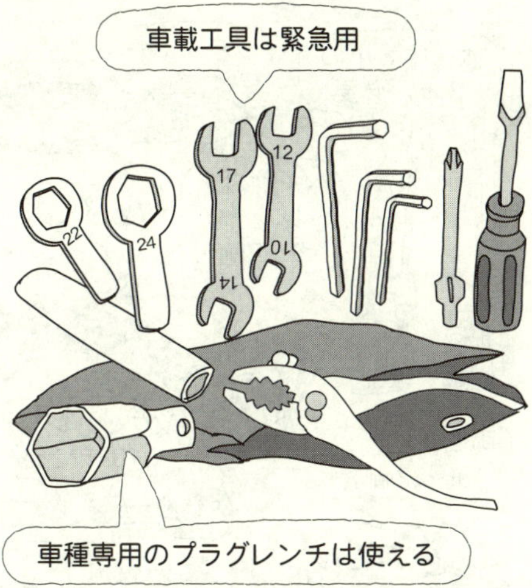

車載工具は、あくまでも緊急時に使うためのもので、バイクに備《そな》えておく工具と思ってください。

これだけは揃えたい

必要最低限の工具です。これだけあればほとんどの整備や調整ができてしまいます。メカいじりの腕が上がり、このほかの工具が必要になったら、そのつど買い足せば工具はどんどん揃っていきます。
スパナやレンチ類は、バラ売りしているほうが珍しく、だいたいは10～24mmぐらいの数本がセットになっています。
マイナスドライバーは最近あまり使われていませんが、それでも、どこかに1ヵ所マイナスのビスが使われていれば必要になるので、大・中・小の3本を揃えます。

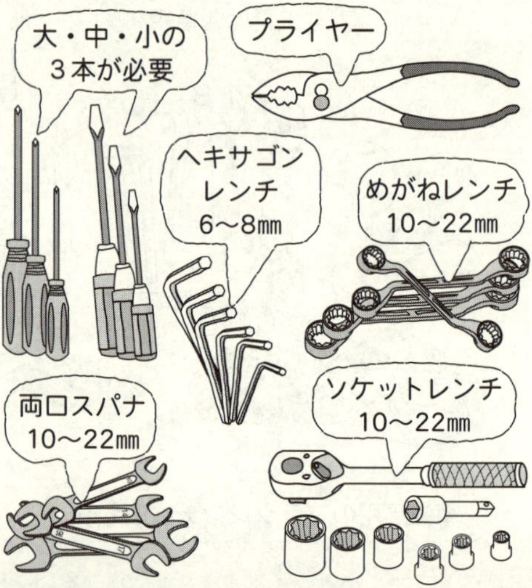

あったほうがいい工具

今すぐに必要ではありませんが、できれば揃えたい工具があります。
モンキースパナは、大きなボルトやナットなどをゆるめるときに口の幅が自由に変えられるので、強い味方になります。
先端に刃《は》のついた金属部分が柄《え》の後端まで通っている貫通ドライバーは、ゆるみにくいビスなどに、刃を当てて鉄ハンマーでたたいてショックを与えて、ゆるみやすくします。
T《ティー》型ボックスレンチは力が入って作業効率がいいので、奥まった個所にあるナットをゆるめるときなどに使います。さらにソケットレンチだけでなく、プラス・マイナスのドライバーの替え刃や、ヘキサゴンレンチもセットでつけられるので、何通りにも使えて便利な工具です。
バイスグリッププライヤーははさむ力が強く、折れたビスが少しでも出ていれば、そこをくわえて回すことが可能です。
プラスチックハンマーはやわらかいので、かたくて抜けないシャフトでも安心してたたけます。間違えてネジ山部分をたたいても、ネジ部分をつぶすこともありません。
それぞれは高価な工具ではあり

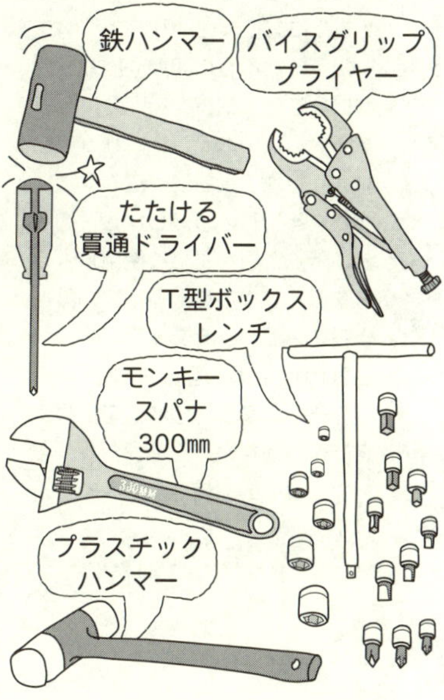

ません。作業の能率が上がるので、必要を感じたらすぐに工具箱に加えてください。

COLUMN

こんな特殊・専用工具もある

本書では、特殊工具や専用工具が必要な整備や調整はやりません。少々乱暴に走っていても、特殊工具を必要とするトラブルなんて、めったにありませんので。

また、それなりに知識や経験も豊富になり、エンジンを完全に分解するぐらいのベテランになっていれば、特殊工具も使いこなすことができるでしょう。しかし、初心者が特殊工具を正しく使用しようとすると、かなり難しく、知識と経験を必要とします。

２気筒以上の大型バイクになると、その車種専用の特殊工具や測定計器類がないと、エンジンやキャブレターの整備や調整はできません。

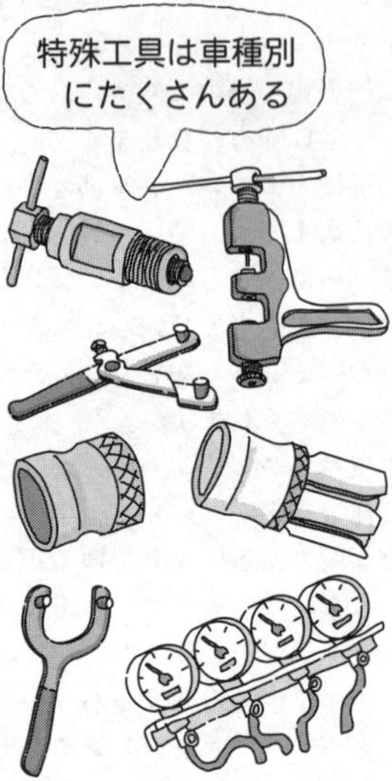
特殊工具は車種別
にたくさんある

ケミカル缶スプレーについて

シューッと吹きつけるだけで、ドアや自転車の動きが劇的に軽くなる便利なケミカル缶スプレー。使用目的によっていろいろな種類がありますが、整備や調整には欠かせません。名称や商品名はメーカーによって違いますが、効果はどれも満足できるものです。

潤滑浸透スプレー

かたく締まったネジのすき間に浸透して、軽くネジが回るようになったり、オイルのように滑《すべ》りをよくしたり、サビを浮かして取れるのが潤滑浸透スプレーです。

やわらかい水のようなオイルで、一吹きですき間にすばやく浸透して、レバー類などの動きを軽くする便利なものです。動きが渋くなったワイヤーなど、潤滑浸透スプレーを注入すれば動きが軽くなりますが、ほうっておくとまたすぐにワイヤーは重くなってしまいます。効果を長続きさせるためには必ずオイルを差しておきます。

脱脂スプレー

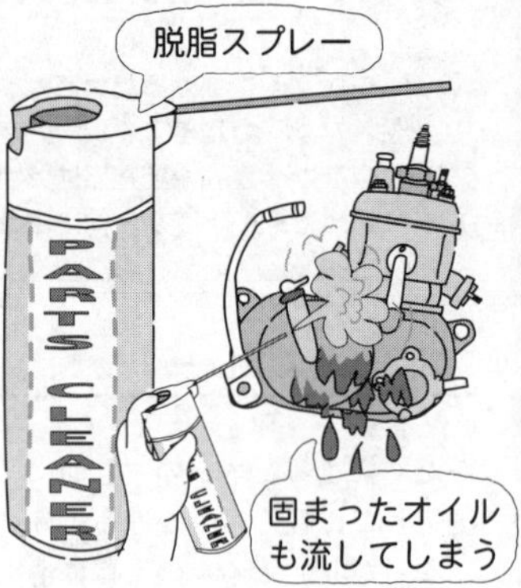

脱脂スプレーはオイルを溶かして流します。オイルだらけの分解した部品などは、きれいに油が取れます。
油がついては困るブレーキ関係は、組み立ての最後に一吹きするだけで、油が取れるので安心です。
表面に少しでも油がついているとブツブツになる塗装も、脱脂スプレーを吹いてから塗ると、きれいに仕上がります。

キャブレタークリーナー

バイクやスクーターを1年近くも乗らずに放置すると、キャブレター内のガソリンが腐《くさ》ってしまいます。腐るだけなら抜き取って新しいガソリンを入れ換えればいいのですが、ガムのような物質ができて、これがキャブレター内部の小さな穴をふさぎ、エンジン不調の原因になります。
汚《よご》れたキャブレターの内部の不

純物を、溶かしてきれいにするのがキャブレタークリーナーです。キャブレターのオーバーホールでは、スプレーの噴射力も利用するので絶対に必要です。

チェーンオイル

チェーン全体に吹きつけたら、すぐに走り出さないでそのまましばらく待ちます。かたいオイルなので、チェーン内部に浸透するには、少し時間が必要なのです。すぐに蒸発したり乾いたりしない持続性のあるオイルなので、サイドスタンドなどのよく動かす部分の潤滑にも使えて便利です。

チェーンオイル
かたいオイルが浸透しやすくなっている

接点復活スプレー

配線はカプラーやギボシを抜いてはずしますが、抜き差しをする金属の接点部分はサビることもあります。サビが絶縁体となり、接点不良のトラブルになります。
こんなときに接点部に一吹きするだけで、接点の金属がピカピカに光り、新品同様に戻せるの

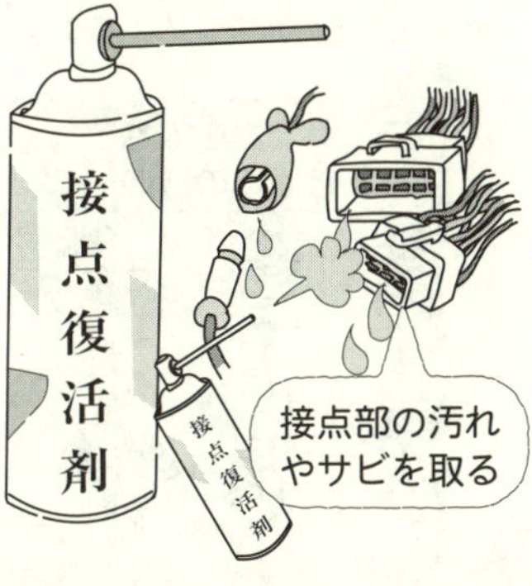
接点復活剤
接点復活剤
接点部の汚れやサビを取る

が、接点復活スプレーです。配線をいじる電気部品の取り付けには必要です。

工具の使い方とコツ

工具にはそれぞれ正しい使い方、扱い方があります。それを無視して強引に扱うと、けがをしたり、工具を壊《こわ》したり、ボルトやナットの角《かど》をナメて丸くしたり、ネジ山をつぶしたりといった悲惨《ひさん》な結果になります。その場面にぴったりの工具を選び、正しい使い方とコツを覚えましょう。

スパナはわき役と覚えて

両口スパナは強い力に弱く、かたくてゆるまないナットなどを強引に回すと、力に負けてスパナの口が開きます。口が開くとナットなどの角を丸めてしまう（ナメるという）危険があります。両口スパナは力を加える方向が決まっています。逆に使うと口が開くので、強い力を入れるときは必ず方向を確かめて使

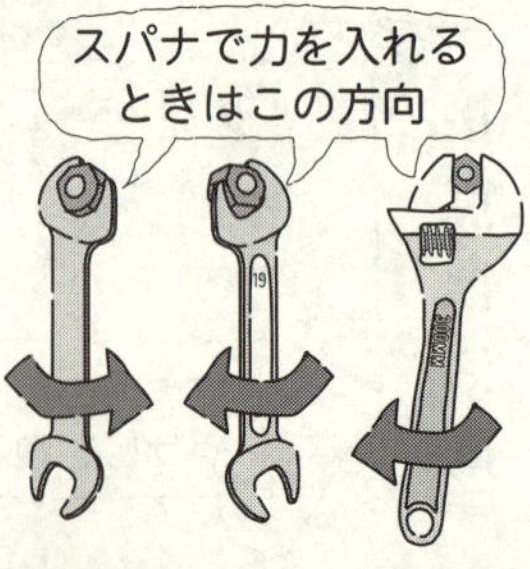
スパナで力を入れる
ときはこの方向

この方向で強い力を
かけると口が開いて
ナットの角をナメる
スパナの
角度に注意

います。
両口スパナしか使えないような狭い場所以外は、めがねレンチやソケットレンチを使います。こちらが本当の主役です。めがねレンチやソケットレンチは、ナットのすべての面や角に平均に力がかかるので、力が分散してナメることは少ないのです。

ソケットレンチやめがね
レンチには方向はない

ドライバーは垂直に回す

ドライバーはビスの溝《みぞ》と刃先の大きさがぴったり合わないと、溝をナメたり削《けず》り取ったりしてトラブルになります。

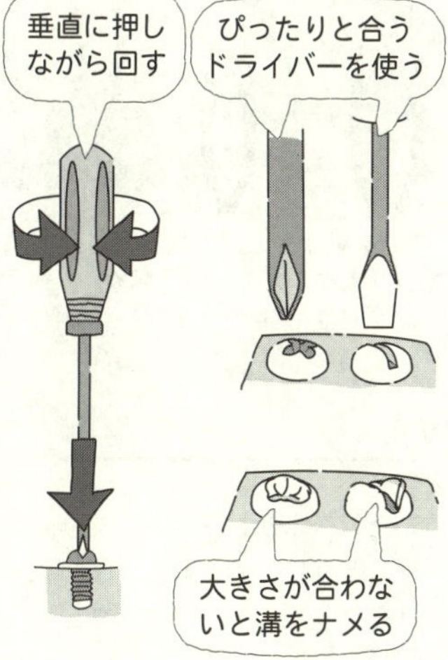
垂直に押しながら回す
ぴったりと合うドライバーを使う
大きさが合わないと溝をナメる

刃先の前に手や体があると危険！
熱中するとつい忘れる

ドライバーはビスに直角に立てて、強い力で上から押しながら回して使います。このとき、ドライバーの刃の先に絶対に手を置かないこと。片手で部品を持ち、もう片方の手でドライバーを使う不安定な使い方で、ドライバーの刃先が滑《すべ》ったりすると、ドライバーが手に突き刺さる危険があります。こんなわかりきったことでも、作業に熱中すると忘れるものです。

プライヤーは便利な工具

プライヤーは便利な工具です。8の字みたいな支点を動かすと、開く角度が大幅に変わり、大きなものでもくわえることができます。さらに、この支点上では、かたい針金《はりがね》を切ることもできます。

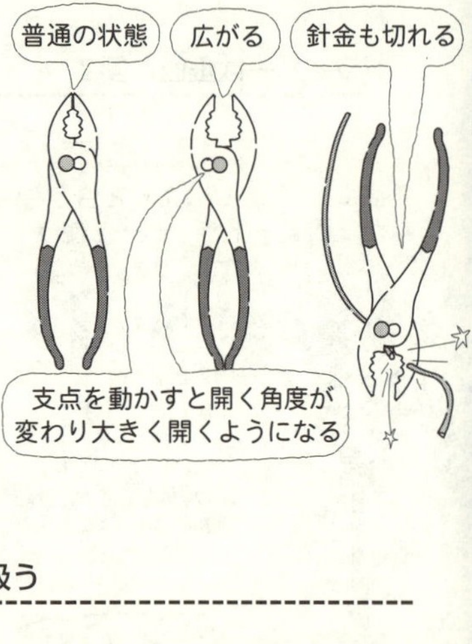
普通の状態
広がる
針金も切れる
支点を動かすと開く角度が
変わり大きく開くようになる

ただし、プライヤーでナットなどを締めたりゆるめたりは絶対にしないこと。ナットの表面を大きく傷つけたり、万一滑ったりするとナットの山全部をナメてしまいます。

ヘキサゴンレンチは慎重に扱う

六角溝のヘキサゴンボルトを締めたりゆるめたりするのが、ヘキサゴンレンチです。かたいヘキサゴンボルトをゆるめるときに、めがねレンチの助けを借りることもあります。

しかしこの方法はかなり危険です。気軽に作業をしてヘキサゴンレンチとボルトがはずれたりすると、ヘキサゴンレンチがスプリングのようにはね飛ぶことがあります。必ず押さえながら、十分に気をつけて作業してください。

ヘキサゴンレンチのコマをT型レンチに取り付けて使うと力が入ります。

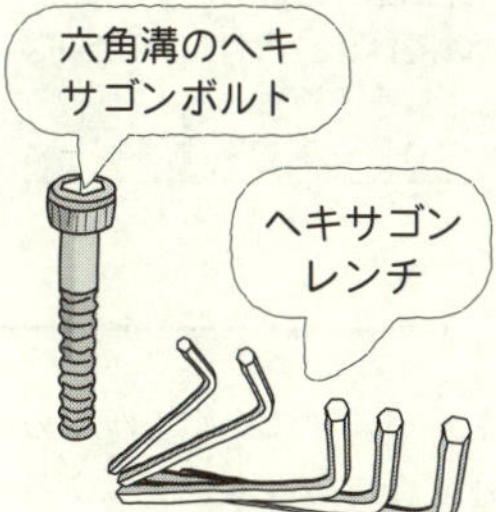
六角溝のヘキサゴンボルト
ヘキサゴンレンチ

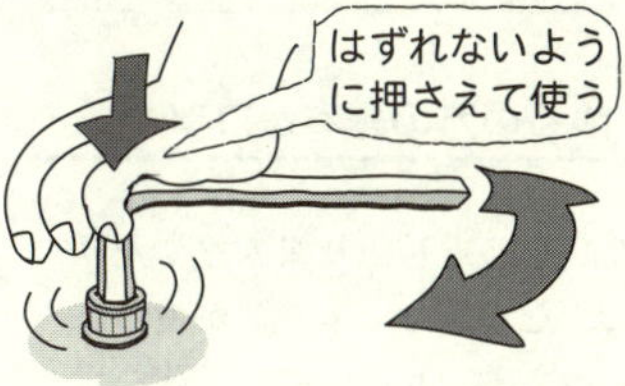
はずれないように押さえて使う

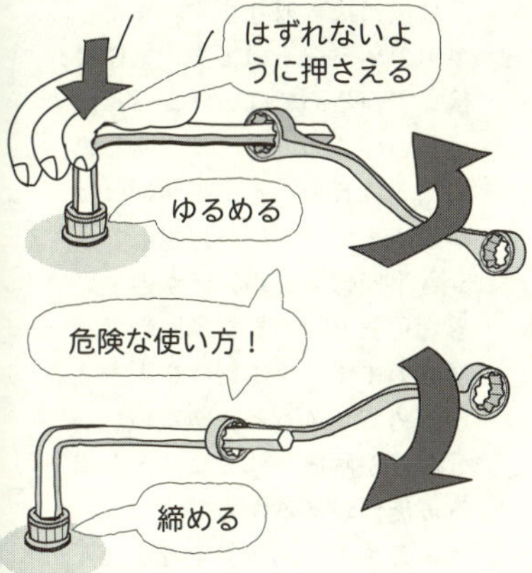
はずれないように押さえる
ゆるめる
危険な使い方！
締める

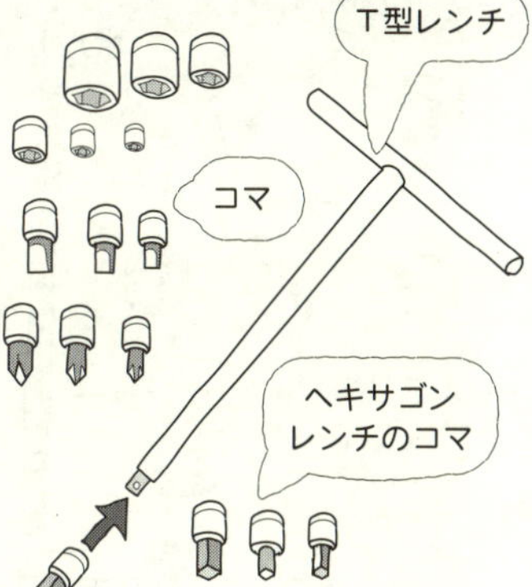
T型レンチ
コマ
ヘキサゴンレンチのコマ

ネジの締め方、ゆるめ方

「ネジを締めたり、ゆるめたり」が整備の基本です。単純な作業に思うかもしれませんが、覚えることはたくさんあります。一般にネジは時計の針方向の右に回せば締まり、左に回せばゆるむようになっています。しかし、これは絶対的なものではありません。ときには逆ネジといわれる、右に回すとゆるむネジもあります。

ゆるめ方の基本とコツ

部品を固定したり組み立てたりに、たくさんのネジ類が使われています。基本的には、狭い場所や手が入りにくくてゆるめにくい位置にあるネジからゆるめます。ゆるめやすい場所のネジは最後に抜き取ります。また、1本のネジをそのまま一気に最後までゆるめてはいけません。正しいゆるめ方は、まずゆるめにくい位置の1本を半回転ほどゆるめます。次に対角線上のネジも半回転ゆるめ、ほかのネジも対角線上のネジを半回転ほどゆるめます。1本だけを大きくゆるめてしまうと、ゆるめた部分だけが解放されてヒズミが出る可能性があるからです。

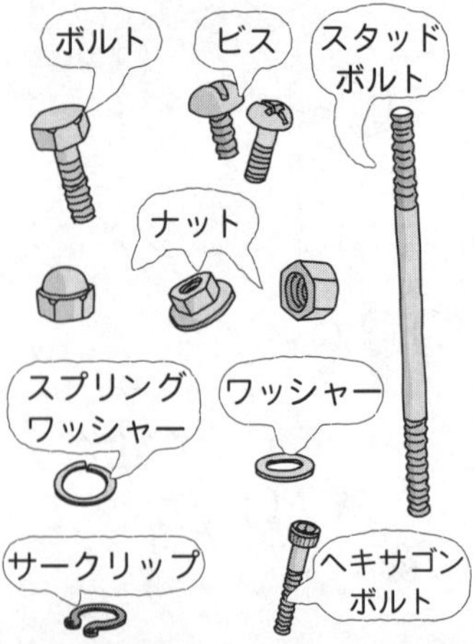

4本のネジの場合、全部を交互

に2回転ほどゆるめてから、1本のネジを抜き取ります。これも取りにくい位置のネジから抜き取るのがコツ。

このとき、最初にどのくらいの力でゆるんだかを覚えておくこと。腕の力を記憶しておきます。締めるときは同じ工具を使い、このくらいの力でゆるんだな、というところまで締めるのです。締める力が弱すぎても強すぎても、不都合は起こります。

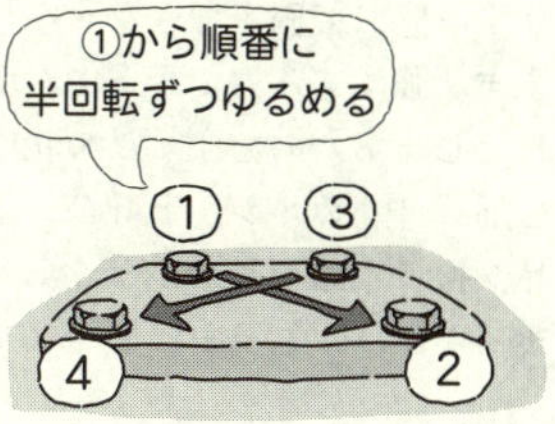

締め方の基本とコツ

ボルトやナットを締めるときも順序があります。この順序を守らずに1本だけをかたく締めたり、両端を固定すると取り付けた部品にヒズミが出ます。

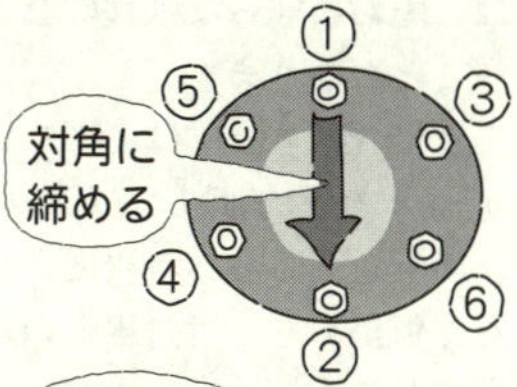

基本的には内側から外側へ、対角線上に締めていきます。

締めるときに多い初心者の失敗は、締めすぎです。適切な工具を使っているなら、歯を食いしばって顔を赤くしてまで力を入れる個所はありません。最後の

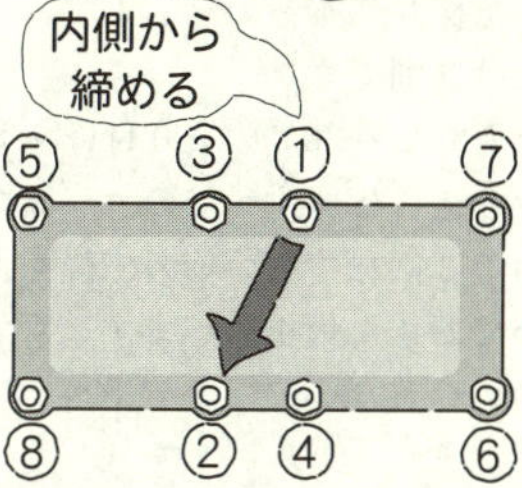

本締めで十分に締まっているのに不安になり、さらに強く締めてしまいます。すると急に力を入れなくても楽に回る状態になり、あとはいくら締めても空《から》回りする感じで固定できなくなります。強すぎる力でネジ山が壊れてしまったのです。この状態を通称「バカネジ」と呼び、新品交換になる部品が少なくありません。プラスチック製やアルミ材が多く使われているバイクは、とくに締める力加減《かげん》が難しいのです。

本締めでバカネジを恐れて締めが足りないのは危険ですが、締める力加減は体で覚えるしかありません。すごく非科学的ですが、何度か経験すれば、締める力がわかるようになります。普通の整備ならこの力加減で大丈夫です。

仮止め、仮締めは鉄則

ボルトやナット類を締めるときには、絶対に守らなければならないことがあります。

どんな場合でもまずは、ボルトやナットを手で回して仮止めし、工具を使ってある程度までかたく仮締めし、対角線上のネジを交互に本締めをします。これは鉄則です。

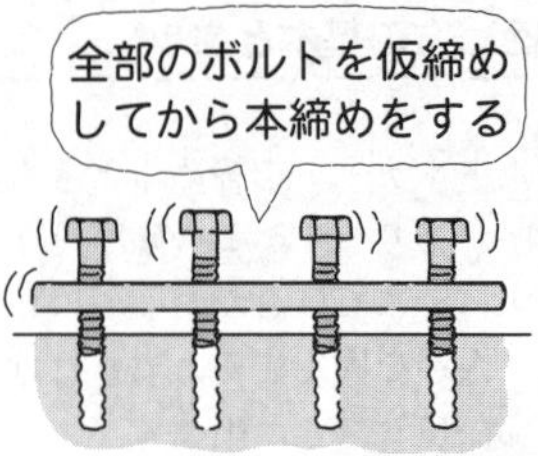
全部のボルトを仮締めしてから本締めをする

1本だけを締めるとヒズミが出てほかのネジ穴が合わなくなる

組み立てや部品の取り付けをするときには、すべてのネジ類を指で2回転ぐらい締めて軽く止めておき、仮止めします。手で締められないのはネジ山が合っていない証拠です。
4本なら4本のネジを手で軽く締め、部品など正確な位置に手直ししてから、工具を使って均等にネジをある程度かたく締める仮締めをします。
仮締めがすんだら、内側から外側に対角線上のナットやボルトを、かたく締める本締めをするのがコツです。仮止め、仮締めをせずに1本のネジだけを最初に本締めしてしまうと、ヒズミが出て残りのネジ穴が合わなくなって、ネジが入りにくくなります。また、かたいからと最初から工具を使って無理にねじ込めば、間違いなくネジ山はつぶれてバカネジになり、最悪の場合は部品交換です。

かたいのを無視して強引に締めるとネジ山がつぶれる
やわらかいアルミ材のシリンダヘッド

面取《めんと》り加工は表側

ナットやビスのネジ類を締める場合は、間にワッシャー類を入れます。ナットやワッシャーの裏表の形が同じなら考えずに組んでいいのですが、普通は片側だけ角を取った面取り加工したものが多いようです。この場合は、面取りされた面を表側になるように組みます。
スプリングワッシャーは、ゆる

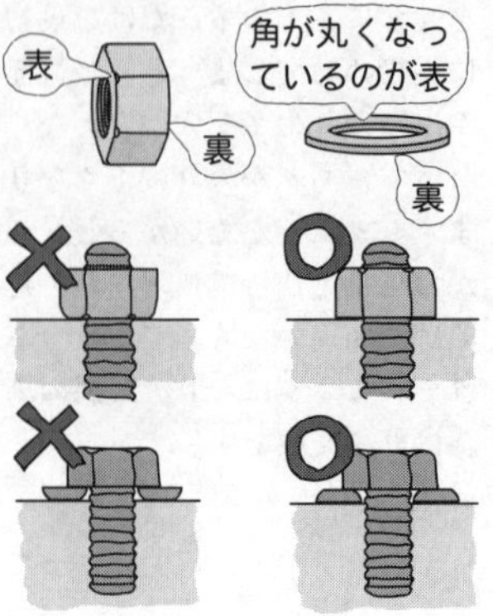

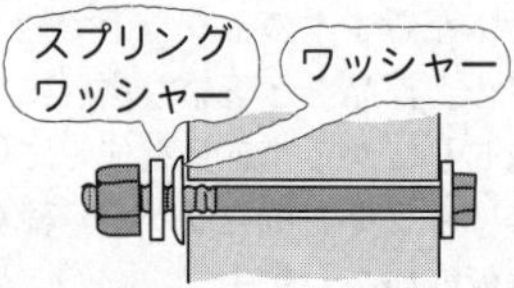

み防止の役目をし、ワッシャーとナットの間に入ります。ゆるめるときに位置をメモしておくと、間違えずに組むことができます。

ダブルナットとは

1本の丸棒の両端にネジ山を切ってあるボルトをスタッドボルトといいます。エンジンのシリンダ関係や、排気口とマフラーをつなぐ部分などに使われています。
ナットをゆるめるときは普通にゆるめればいいのですが、ときにはナットがゆるまず、スタッドボルト自体がゆるんでしまうこともあります。
スタッドボルトは普通のボルトのように六角の頭はなく、ゆるめたり締めたりするには、通称ダブルナットという方法を使います。

ゆるめるときは、まず1個のナットをネジ山の半分くらいの位置に締め込みます。次にもう1つのナットを先に締めたナットの上まで締め込みます。つまりナットが2個重なった状態になり、これがダブルナットです。

上下のナットにそれぞれめがねレンチをかけ、下のナットはゆるめる方向に、上のナットは締める方向に、はさみで切るように同時にめがねレンチを動かします。これで2個のナットは、その場で固着することになります。ここは歯を食いしばるほど力いっぱい締めてください。

上下のナットがかたく締まったら、下側のナットだけにめがねレンチをかけて、ゆるむ方向に回すとスタッドボルトがゆるみます。締める場合は上側のナットだけを締め込みます。

ダブルナットをはずすときは、2個のナットにめがねレンチをかけ、はさみを開くようにすればナットは離れます。

ダブルナットを使わないで、プライヤーなどでくわえて回すと、スタッドボルトが傷だらけになってしまいます。

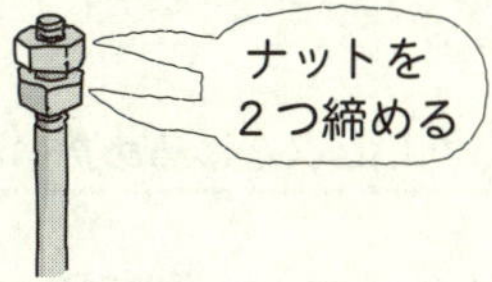
ナットを
2つ締める

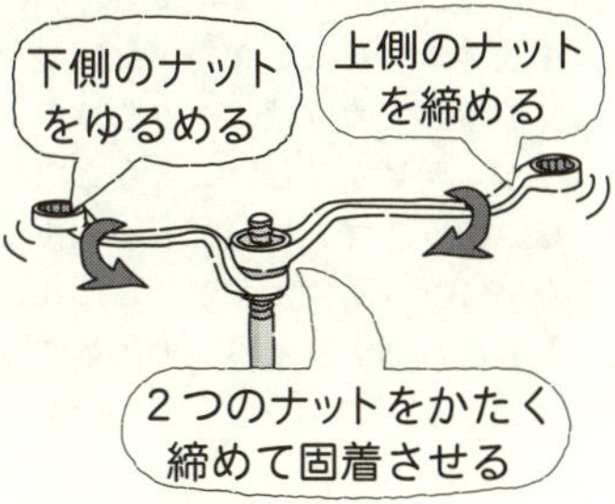
下側のナット
をゆるめる
上側のナット
を締める
2つのナットをかたく
締めて固着させる

下側のナットだけを
ゆるめる方向に回す
とボルトもゆるむ

困ったときの工具だのみ

サビついたり、かたく締まりすぎたボルトやナット、ナメて角が丸くなったナットをゆるめるのは大仕事です。こういう場面でこそ、しっかりした工具が必要になります。ネジ１本をゆるめるのに丸１日かかることもあるのです。

かたいビスをゆるめたいときは

どんなにかたいネジ類でも、潤滑浸透スプレーを吹いてしばらく放置しておけば、ゆるむものです。サビがひどいビスなどでは、何度スプレーしてもゆるまないこともありますが、こんなときは貫通ドライバーの出番です。

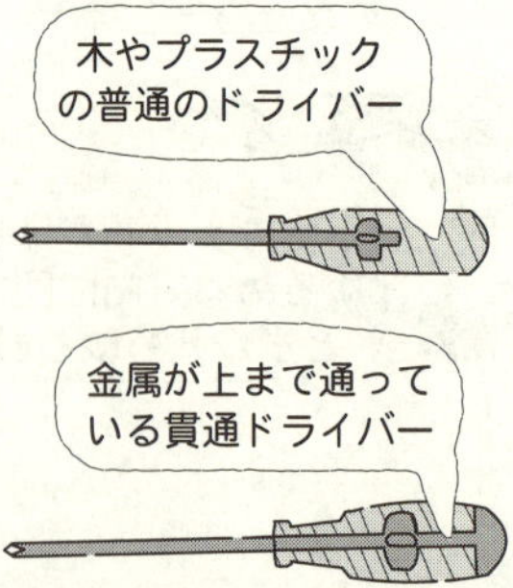
木やプラスチックの普通のドライバー
金属が上まで通っている貫通ドライバー

ゆるまないビスに貫通ドライバーを当て、ハンマーで強くたたきます。このショックでサビが取れたり、潤滑浸透剤がしみ込み、ビスがゆるむのです。これは有効な手段で、かなりの確率でゆるめることができます。

普通の使い方
たたいても使える

ビスの頭をナメてしまったら

ビスの溝と違うサイズのドライバーを使って、溝をナメてしまったり、溝の幅が広くなり、ドライバーが使えなくなることがあります。
少しでもナメてしまったら、鉄の丸棒を使ってナメたビスの頭をつぶし、そこに貫通ドライバーをたたき込んで溝を再生します。これはショック療法もかねているので、ゆるみやすくなります。

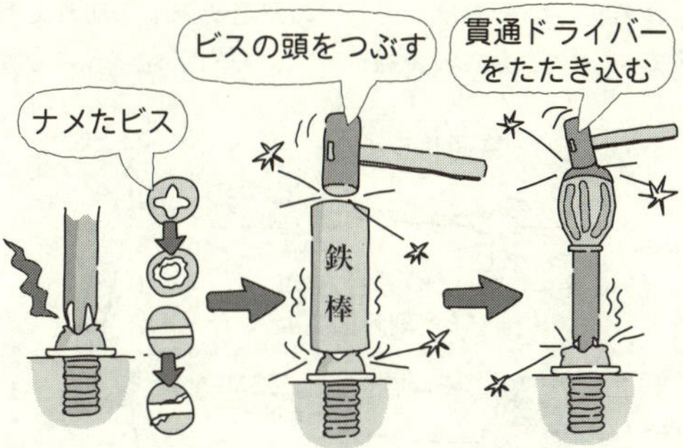
ナメたビス
ビスの頭をつぶす
鉄棒
貫通ドライバーをたたき込む

ひどくナメてしまって、溝にドライバーが完全にかからなくなってしまう場合もあります。貫通ドライバーもこうなると使え

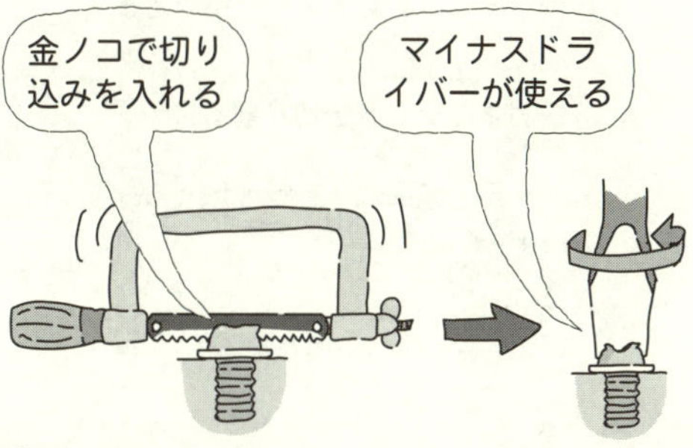
金ノコで切り込みを入れる
マイナスドライバーが使える

ません。もし金《かな》ノコが入るなら、ビスの頭に切り込みを入れます。つまり、マイナスのビスをつくってしまうのです。

ガンコなナットには

ゆるみにくいナット類は、強い力が使えるめがねレンチでゆるめます。
それでもゆるまないときはショック療法です。マイナスの貫通ドライバーかタガネを使い、ハンマーで角をゆるむ方向にたたきます。タガネは刃先の鋭《するど》いものだとナットが切れてしまうので、刃先が丸いものを使ってく

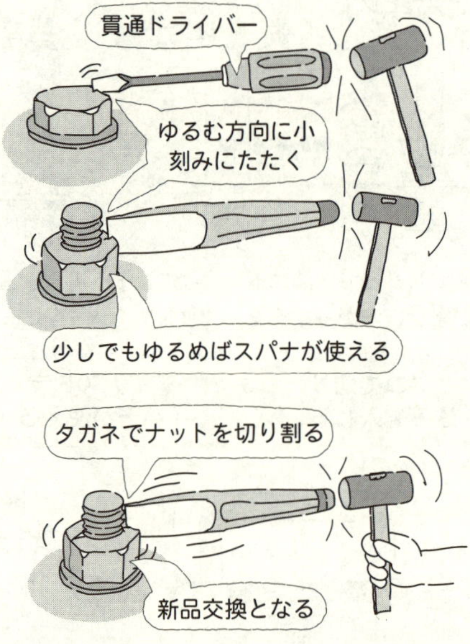
貫通ドライバー
ゆるむ方向に小刻みにたたく
少しでもゆるめばスパナが使える
タガネでナットを切り割る
新品交換となる

ださい。少しでもゆるめばあとはスパナで回します。
それでもゆるまないときは、タガネでナットを切って割ることもあります。

ボルトが折れてしまったら

かたくて動かないビスやナットを強引に回して、ボルトがねじ切れてしまうことは、初心者にはよくあります。
ネジ山の途中で折れて、まだ上に長さが残っているなら、バイスグリッププライヤーを使うとかなりの確率でゆるみます。タガネやポンチを使ってゆるめることも可能です。

バイスグリップでボルトをくわえて回す
タガネかポンチでたたく
ポンチ

問題は根元から折れて、折れた部分が表面に出ていないときです。これはプロが使う道具がないと抜くのは無理なので、バイク店に持ち込んで抜いてもらうのが最良の方法です。折れたボルトを抜くのは、経験と特殊工具が必要なので、自分ではダメと思ったら、プロに抜いてもらいましょう。
また、かたいネジをゆるめるときは回すだけの正攻法ばかりでなく、一度締め込んでみるのも一法です。押してもダメなら引いてみる、これはすべてに通じます。

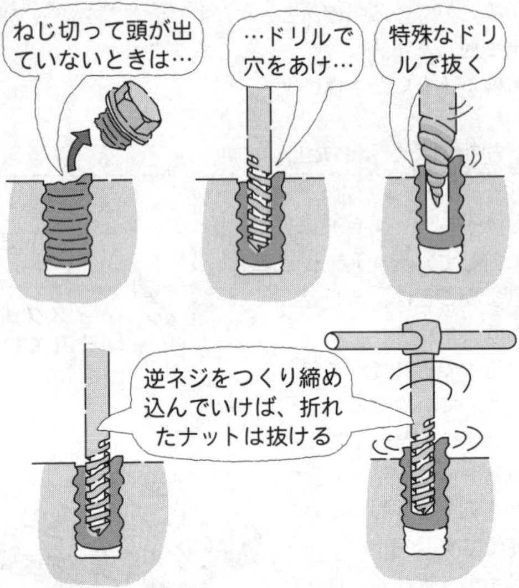
ねじ切って頭が出
ていないときは…
…ドリルで
穴をあけ…
特殊なドリ
ルで抜く
逆ネジをつくり締め
込んでいけば、折れ
たナットは抜ける

気軽に教えてもらおう

メカいじりといっても、初めは不安があって、簡単には手が出せないものです。ベテランに教えてもらったり、友だちと一緒にやったりするのがメカいじりの出発点です。整備や調整だけでなく、スペシャル部品の交換などは、教えてくれる人がそばにいると、メカ知識は急速に進歩します。

サービスマニュアルを活用する

整備や調整をするときに「サービスマニュアル」は強い味方です。これは特定の車種専門で、各メーカーが発行している整備書です。バイク店でもこのサービスマニュアルを見て修理をしています。

バイク店用なので難しい個所もありますが、エンジンはもちろん、そのバイクのすべての細かな分解図や配線図、調整の仕方や組み方を図版や写真で詳しく説明しています。

部品をバラし、組み立てるときに、メモを取っておいてもわからなくなったりするのは、珍《めずら》しいことではありません。そんなときにサービスマニュアルがあると助かります。

整備の仕方を詳しく書いてある
サービスマニュアルは全車種にある
ZRX1100
Kawasaki
YAMAHA SPORTS
サービスマニュアル
XJR1300
HONDA
サービスマニュアル
CBR600F
SUZUKI
サービスマニュアル

バイク店を味方にする

近くにバイク店があるなら、何度も足を運んで顔と名前を覚えてもらおう。仕事の邪魔《じゃま》は厳禁ですが、修理を見ているだけでも工具の使い方や、部品の取り付け方などがわかり、それだけでもメカに強くなります。
ただし、店の工具を借りるのは絶対にダメ。バイク店の工具はそれぞれに思い入れがある宝物です。
今では手に入らない絶版のサービスマニュアルが、店用として１冊だけあったりする場合、頼めばコピーさせてくれることも。親切なバイク店は本当に強い味方になります。

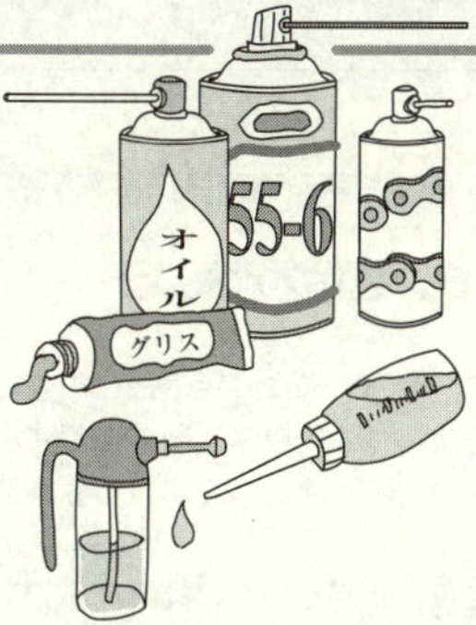

第2章

初心者でも簡単、整備と点検

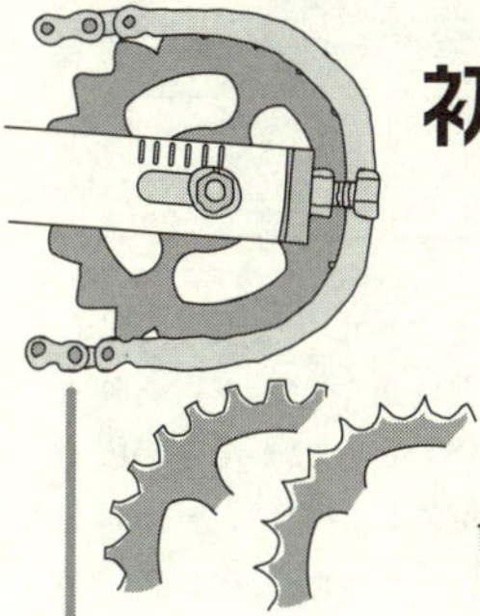

自分の体格にバイクを合わせよう

人によって身長や体重は違います。手の大きさや足の長さも違うのに、バイクやスクーターは、同機種ならば同規格、同寸法です。これはメーカーが想定した、大部分の人に不都合なく乗れる標準体格に合わせた寸法なのです。
メカいじりの第一歩は、工具もあまり必要としない簡単な作業で、メーカーお仕着せのままではなく、バイクを自分の体の大きさに合わせましょう。自分流のバイクにするために少々の調整は必要です。

バックミラーを調整する

後方が広くばっちり見えていればいいのですが、もっとよく見えたらいいなとか、見えにくいな、と感じたら、ちょっと調整するだけで後方確認が楽になります。
ミラー全体をゆるめてから再調整をします。車種によっては右に回すとゆるむ逆ネジもあります。調整のときは、後方が広く見える位置に止め、シートにしっかり体重をかけてから、いちばんよく見える位置に調整します。

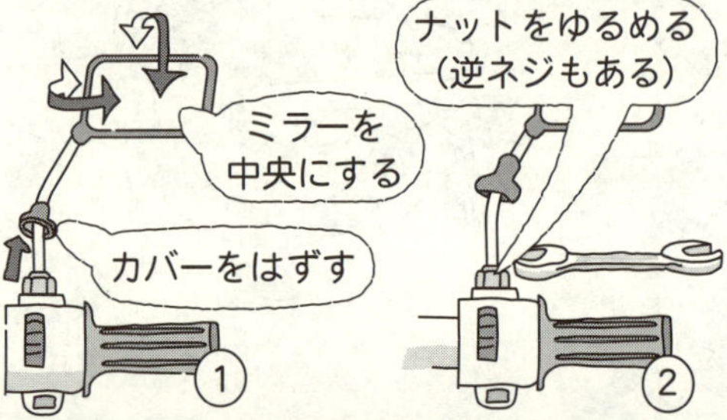
ミラーを中央にする
カバーをはずす
1
ナットをゆるめる（逆ネジもある）
2

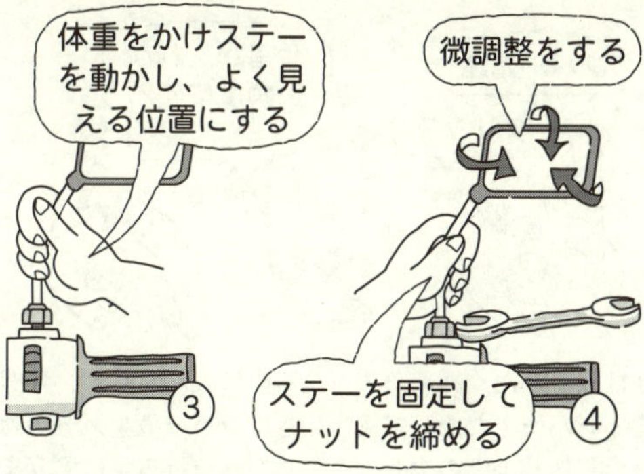
体重をかけステーを動かし、よく見える位置にする
3
微調整をする
ステーを固定してナットを締める
4

レバーの角度を調整する

ハンドルにはブレーキやクラッチレバーがついています。走行中も停止しているときも数限りなく握《にぎ》るレバーですが、レバーの角度によって、楽に力が入ったり、とても疲れたりします。
レバーが固定されていて調整できないスクーターもありますが、ほとんどはレバーホルダー下側にある２本のビスを少しゆるめるだけで、自分の手にあった位置に調整できます。
ビス２本を少しゆるめて、レバーを手で軽くたたけば、レバー全体が回転するので好きな角度を探《さが》して固定します。ビスを締

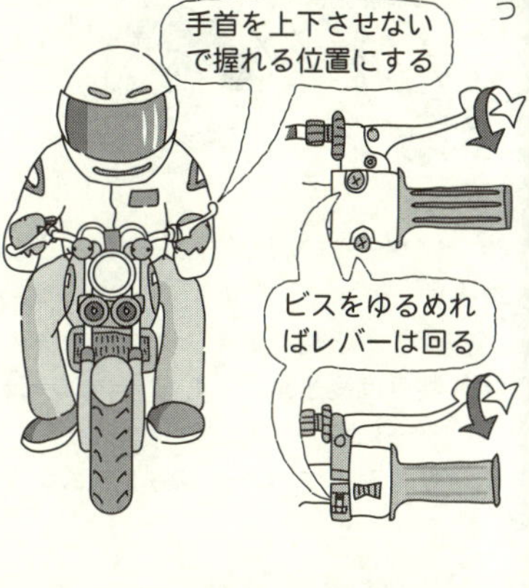
手首を上下させないで握れる位置にする
ビスをゆるめればレバーは回る

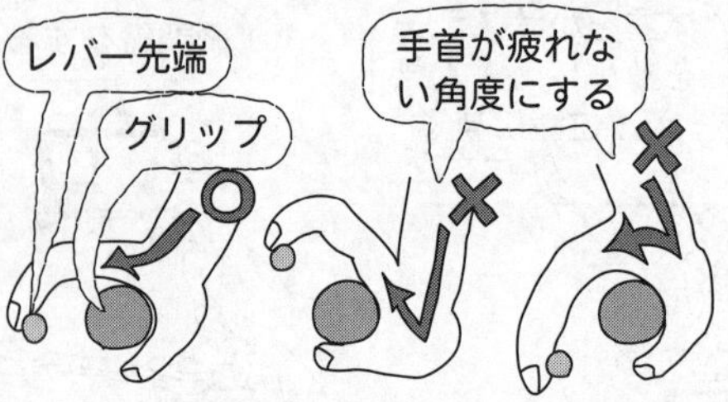

めるときは強くかたく締めるのではなく、レバーをたたいてもゆるまない程度、ほんの少しゆるめにしておくと、転倒したときにレバーホルダーが動いて、レバーを折らずにすみます。

ブレーキ調整をする

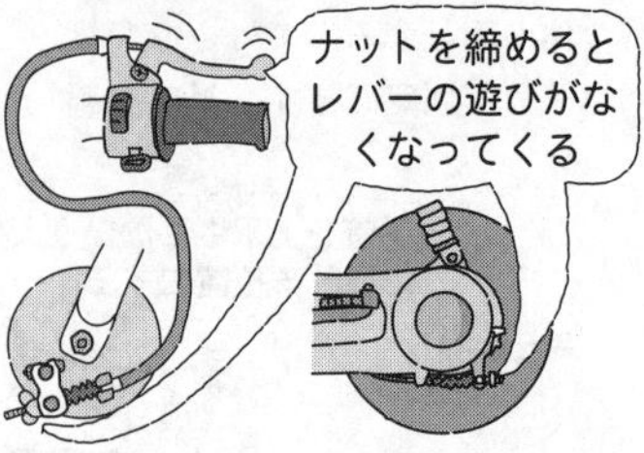

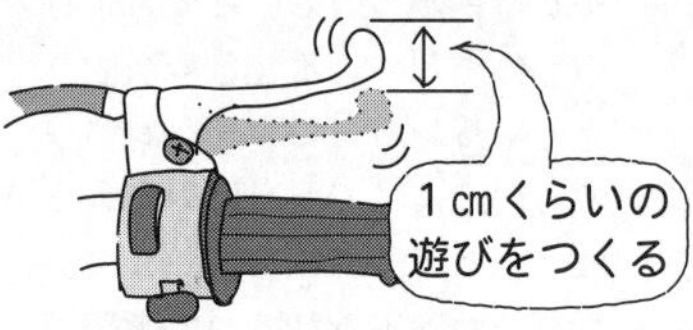

ブレーキの利《き》く位置を調整します。
オイルを使うディスクブレーキ調整は後述するとして、スクーターに多いタイプのレバーからワイヤーでつながる、ドラムブ

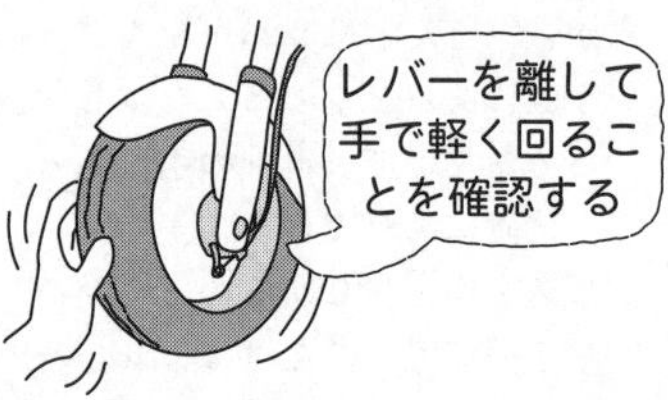

レーキの調整をします。ブレーキレバーを握ると先端がグリップに触るようでは危険です。

調整はレバー側とブレーキ本体の両方でできます。ワイヤーについているブレーキナットを締めていけば、レバーの握りが少なくなり、少しの握りでブレーキが利くようになります。

いちばんの注意点は、どんなときでもレバーの遊び（握っても力が加わらずにブラブラする部分）は必要です。この遊びがないと、いつもブレーキが利いている状態となり、軽くブレーキをかけながら走っていることになります。スピードは出ないし、ガソリンも大食いします。

最悪の場合は摩《ま》擦《さつ》熱でブレーキ周辺が燃えることもあります。

ブレーキシューが限界まで減ると、レバーの遊びが取れないようになります。

ブレーキ調整をしたら、車輪を浮かせて、手で回してクルクル空転することを確認してください。１回転もしないで止まってしまうのは、ブレーキナットの締めすぎなので、車輪が空転する位置までブレーキナットをゆるめます。

調整がすんだら、ゆっくり走って、変化したブレーキの利きを試してください。いきなり高速からブレーキをかけると、車輪がロックして転倒しますよ。

クラッチレバーを調整する

クラッチレバーを握って、どの位置でクラッチが切れたりつながったりするかは、好みによって違います。でもブレーキと同じで、どんな場合でもレバーの遊びは１～２cm必要です。

レバーの遊びがないと、レバーを離してもクラッチが滑《すべ》っている状態になります。エンジン回転を上げても、排気音ばかり元気がよくなり速度は上がりません。遊びが多すぎるとレバーをいっぱいに握ってもクラッチが切れなくて、ギヤを入れたまま

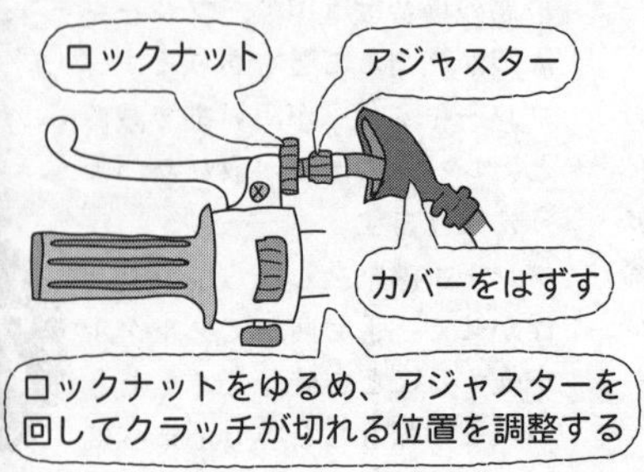
ロックナット
アジャスター
カバーをはずす
ロックナットをゆるめ、アジャスターを回してクラッチが切れる位置を調整する

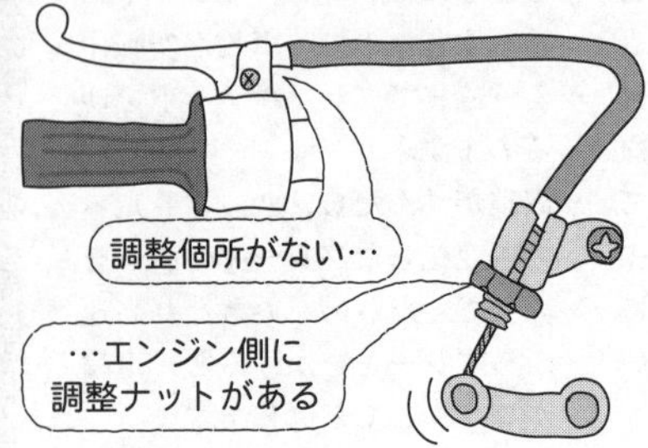
調整個所がない…
…エンジン側に調整ナットがある

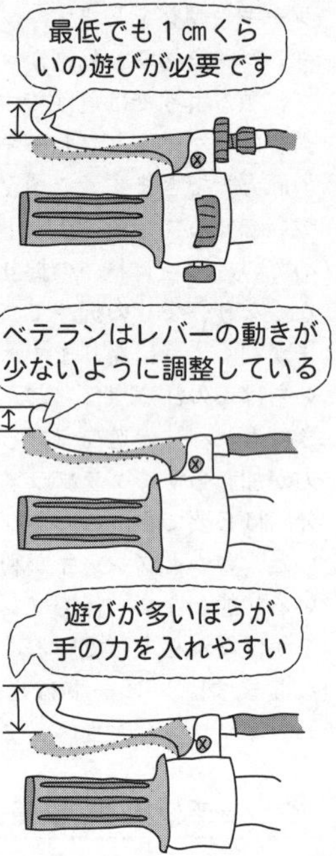
最低でも１㎝くらいの遊びが必要です
ベテランはレバーの動きが少ないように調整している
遊びが多いほうが手の力を入れやすい

停車するとエンストします。

レバーの遊びは自分の好みで決められますが、一度の調整だけではピタリと決まらないので、何度も微調整をして好みの位置にしてください。

ブレーキペダルを調整する

足で踏むリヤブレーキのペダル位置も好みに調整できます。

アメリカンタイプのステップが前にある形式と、レーサータイ

つま先を上下させないでペダルを踏める位置にする

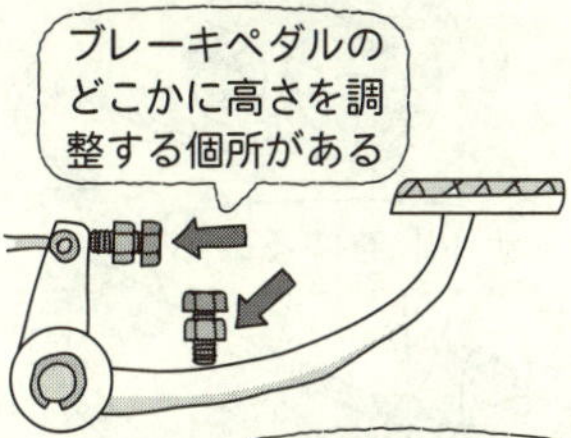
ブレーキペダルのどこかに高さを調整する個所がある

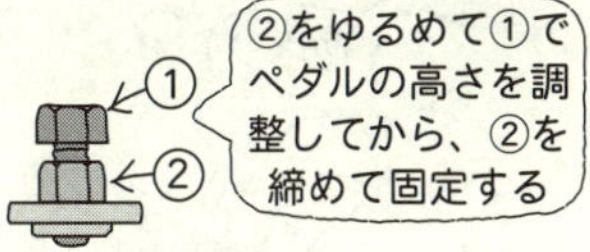
①
②
②をゆるめて①でペダルの高さを調整してから、②を締めて固定する

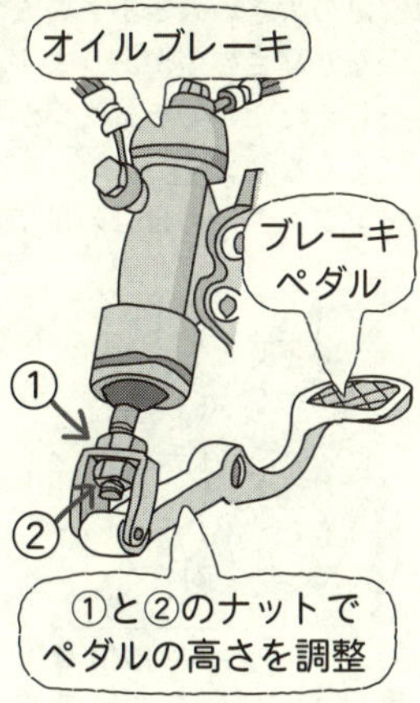
オイルブレーキ
ブレーキペダル
①
②
①と②のナットでペダルの高さを調整

プのバックステップ形式では、ペダルの高さの基準は違いますが、ペダルに載《の》せた足が自然の角度でペダルを踏めないと、足首が疲れます。

ペダル位置を決めてから、載せた足を2～3 cm踏み込んだ位置でブレーキが利くように調整します。ペダルの高さはかなり重要で、上すぎたり下すぎると、急ブレーキのときに足の上下動に時間がかかり、危険なこともあります。

チェンジペダルを調整する

踏み込んだりつま先でかき上げるギヤつきのチェンジペダル

は、足の大きい人と小さい人ではかなり高さの差があります。靴を替えただけでチェンジがやりにくくなります。

チェンジペダルも自分の足に合った高さに調整できます。とくにバックステップタイプのリンク式では、リンクを回すだけで微妙な位置に簡単に調整できます。

チェンジ
ペダル
ノーマル位置
に印をつける
ボルトを抜いて
ペダルを取る
位置を変え
て試走する
好きな位置
に固定する

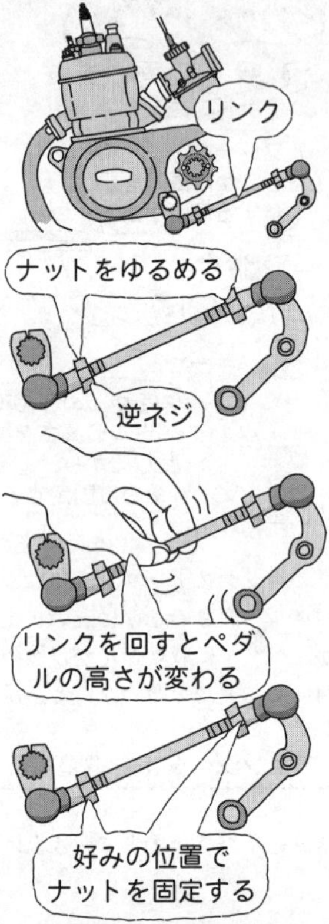
リンク
ナットをゆるめる
逆ネジ
リンクを回すとペダ
ルの高さが変わる
好みの位置で
ナットを固定する

何度も微調整をして、自分がいちばんチェンジしやすい位置を探してください。

リヤサスペンションを調整する

スクーターではあまり変えられませんが、リヤサスペンションのスプリングの強弱は調整できます。
調整するとわかりますが、体重の重い人や、２人乗車や高速走行では、サスペンションをかたくしたほうが乗りやすくなります。
いちばんやわらかい位置やかたい位置にして走り、好みの位置を見つけてください。

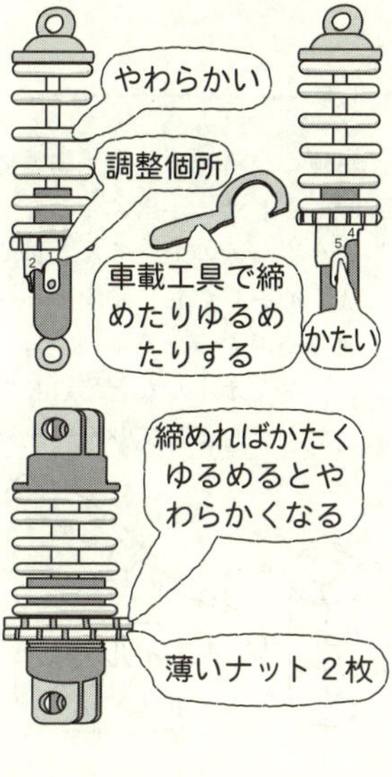
やわらかい
調整個所
車載工具で締めたりゆるめたりする
かたい
締めればかたくゆるめるとやわらかくなる
薄いナット２枚

２人乗りや高速走行ではかたいほうが走りやすい

オイルを差す

バイクやスクーターは手入れをしなくても、不調にもならずに走ってくれます。しかし、バイク店にいると、次々と修理車が入ってきます。バイク店でないと不可能な修理もありますが、大部分は少々のメカ知識があれば、自分で簡単に直せるトラブルばかりです。トラブル以前の、オイルを差せばＯＫとか、ネジを少し締めれば解決、といった修理と呼べない作業のほうが断然多いのです。
ほうっておいても元気に走る、というのはウソで、手入れは必要です。表面をワックスで光らせるついでに、ほんの少々メカの手入れもしてください。

オイルを塗っておく

ピカピカの新車も１年間も走っていれば、サビも出てくるし可動部のオイルも切れてきて、動きが鈍くなるものです。調整個所のネジもサビが出てくるとやりにくくなるので、そんな場所には注油をしておきます。
注油に使用するオイルは、エンジン、ギヤオイルなどでＯＫです。ケミカル缶スプレータイプ

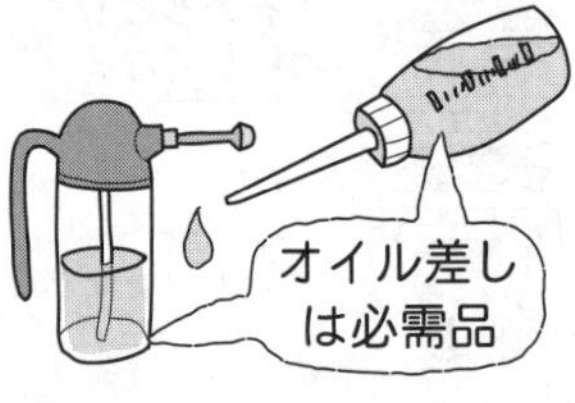

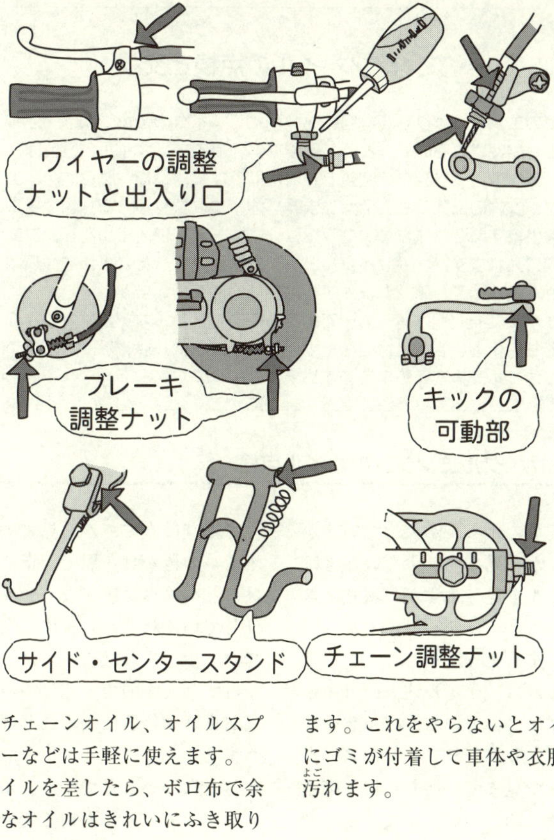
ワイヤーの調整
ナットと出入り口
ブレーキ
調整ナット
キックの
可動部
サイド・センタースタンド
チェーン調整ナット

のチェーンオイル、オイルスプレーなどは手軽に使えます。

オイルを差したら、ボロ布で余分なオイルはきれいにふき取ります。これをやらないとオイルにゴミが付着して車体や衣服が汚《よご》れます。

エンジンオイルの点検と交換

車のエンジンよりも高い回転を多用するバイクのエンジンは、オイルも酷使《こくし》されるので、とても重要な消耗品です。オイルの役目は、ピストンとシリンダの密封と潤滑だけでなく、冷却、腐食防止、エンジン内の掃除でも大活躍します。オイルタンクから新しいオイルを供給する2《ツー》サイクルエンジンは、いつも新しいオイルをエンジン内に入れますが、4《フォー》サイクルエンジンは密閉されたオイルを循環させて使うので、エンジンオイルは定期的に交換します。
オイル交換時期はメーカーで指定していますが、オイルは使わなくても劣化します。走行距離だけではなく、年に一度、暑くなる夏前にオイル交換することをすすめます。

4サイクルエンジンのオイル点検

適正量のオイルが入っているかどうかを見ます。少ないときはオイルを足しますが、減りすぎているときは新しいオイルに交換しましょう。
適正量は、オイル注入口のキャップについているレベルゲージを見たり、クランクケースの点検窓で見ます。どちらにも適正位置に印がついていますが、サイドスタンドだけでバイクを傾けないで、メインスタンドを使って垂直に立ててから見ます。
オイルの色が真っ黒で、指につけるとベタベタ感がなくサラサラしている状態なら、すぐ交換です。少し走ればオイルは黒くなってきますので、色についてはあまり神経質になることはありません。
めったにないことですが、水冷エンジンでオイルが白く変色していたら一大事です。冷却水とオイルが混じると白くなるので、すぐにバイク店でみてもらいましょう。

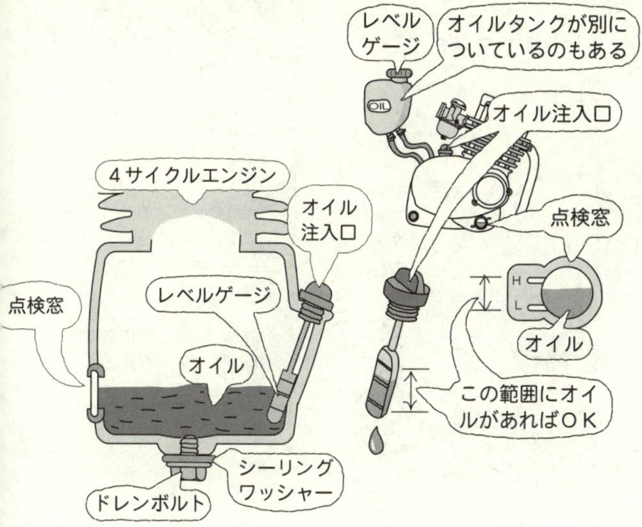
レベルゲージ
オイルタンクが別についているのもある
OIL
オイル注入口
点検窓
H
L
オイル
この範囲にオイルがあればＯＫ
４サイクルエンジン
オイル注入口
点検窓
レベルゲージ
オイル
シーリングワッシャー
ドレンボルト

COLUMN

交換時期は春と秋

エンジンオイルの交換時期は、メーカーの取扱説明書に明記され、使用するオイルと量がともに指定されています。これはメーカーでテストを繰り返して得た結果なので、それに従うのが無難です。

オイル交換を走行距離には関係なく、春と秋にしたこともあります。夏前には暑さに強い20Ｗ－50を入れるとオーバーヒートに強く、冬前には寒さ

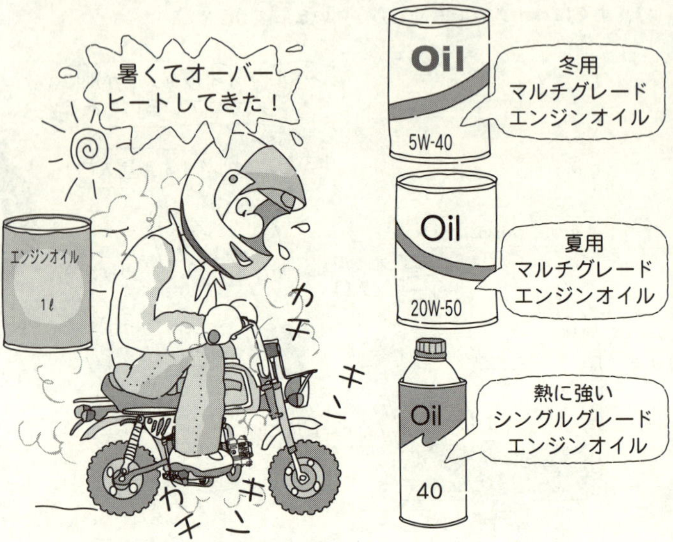

に強い5W−40にすると暖機《だんき》が早くてすぐに走り出せました。
気温に敏感な空冷単気筒エンジンは、真夏になるとオーバーヒートぎみになります。20W−50では熱くなって心配したエンジンも、シングルグレードエンジンオイルの40番に交換したら、真夏の高速道路も混雑する町中も、オーバーヒートもなく気持ちよく走りました。
でも、そのまま冬まで使ったら、エンジンをかけてもオイルが暖まるまでは、アイドリングが止まってしまう、かたいオイルでした。
改造されたエンジンのオイル選びは、それなりに難しくなりますが、ノーマルエンジンなら、メーカー指定オイルで心配はまったくありません。

4サイクル車のオイル交換の準備

必要量のオイルと計量用のオイルジョッキを用意します。50ccクラスの1ℓ未満から大型車の4ℓぐらいまでで、オイル注入口に量が書いてあります。
それと同量の古いオイルも出るので、受け皿も用意します。あとはドレンボルトをはずすめがねレンチかソケットレンチ、汚れをふき取るボロ布が必要です。

ドレンボルトを
はずすレンチ

メーカー指定
のオイルがいい
GP
SF20W-50W
ECSTAR
1ℓ
10W-40

廃油受け皿
ボロ布
オイルを量って入れる容器

オイルを抜き取る

エンジンオイルをやわらかくして抜きやすくするため、エンジンをかけてオイルを暖めます。
走り回ってエンジンが熱くなっていると、オイルも熱くてやけどするので、温度が下がるまで待ちます。
メインスタンドを立ててバイクを垂直に立てます。
オイルを抜くには、ほとんどの

ドレンボルト
をゆるめる
オイル受け皿
オイルが流れ出す
手早くボル
トを取る
オイルを出しきる

車種はエンジン下側にある、ドレンボルトをはずします。ドレンボルトの下に廃油を受ける皿を置いて、めがねレンチかソケットレンチでドレンボルトをゆるめます。両口スパナはボルトの頭をナメることもあるので使用禁止です。

手で回るくらいドレンボルトがゆるんだら、手でボルトを押し上げながら、手早くボルトを回して抜き取ります。押し上げながら回すのは、オイルが流れ出るときかなりの勢いがあって、ボルトが取れる寸前にはオイルが飛び散るので、それを防ぐ手段です。

ドレンボルトを抜いた穴から、オイルが出なくなるまで待ちます。

オイルフィルターの交換

オイルフィルターはエンジン内を循環する途中でオイルを浄化しています。オイル交換２回に１回の割合で、交換すればＯＫです。

車と同じ丸い形のカセット式フィルターは、専用工具でゆるめて締めます。

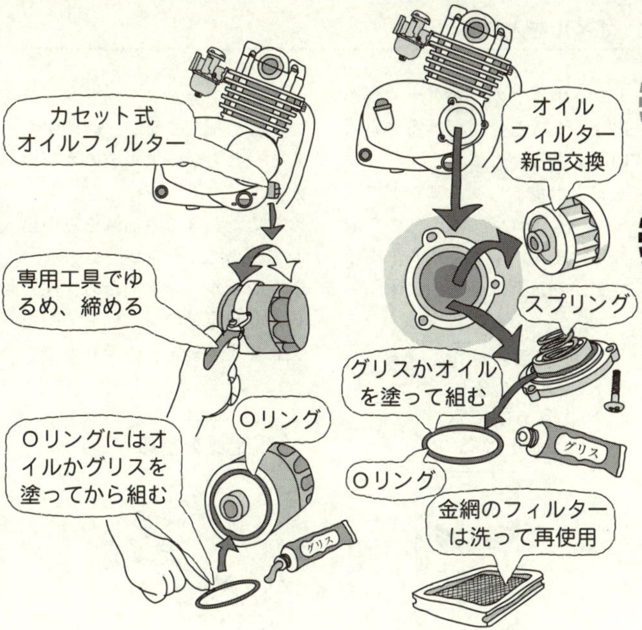
カセット式
オイルフィルター
専用工具でゆるめ、締める
Ｏリングにはオイルかグリスを塗ってから組む
Ｏリング
グリス
オイル
フィルター
新品交換
スプリング
グリスかオイル
を塗って組む
Ｏリング
グリス
金網のフィルターは洗って再使用

クランクケースのカバーをはずして取り出すフィルターは、オイルフィルターだけを交換します。金網《かなあみ》だけのフィルターは、交換ではなく洗って再使用します。
交換作業は簡単ですが、Ｏ《オー》リングの取り扱いには注意が必要です。Ｏリング全体にグリスかオイルを塗ってから組みます。Ｏリングがしっかり入っていなかったり、傷がついていると、オイルが噴き出すこともあります。

オイルを入れる

ドレンボルトの穴からオイルが出なくなったら、ボロ布で穴の周囲をきれいにふきます。
ドレンボルトもシーリングワッシャーもきれいにふいてから取り付けます。ドレンボルトを手で2回転ほど仮締めします。

密閉されたオイル缶は3ヵ所に穴をあける
ENGINE
oil

オイルが残ったらゴミが入らないように保管する
ENGINE
oil

めがねレンチかソケットレンチで本締めをしますが、締めすぎるとやわらかいアルミのネジ山がつぶれバカネジになるので、ゆるめたときの力加減《かげん》を思い出して締めてください。
ドレンボルトを締めたら、注入口より規定量の新しいオイルを入れます。規定量の量り方です

規定量を量る
oil
オイルジョッキ
メスシリンダ

が、目盛りつき半透明のオイルジョッキが安価で便利です。

ドレンボルトが締まっていることを確認する

紙のじょうごをつくって入れる

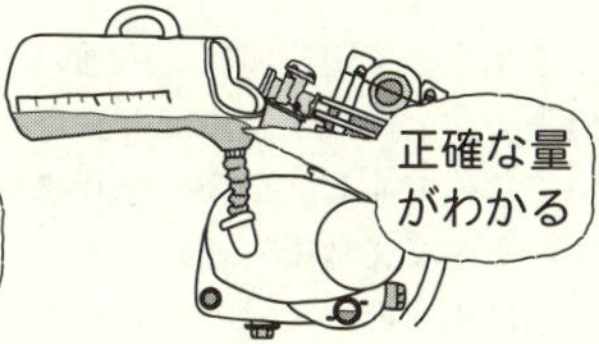

正確な量がわかる

確認作業は忘れずに

ドレンボルト周辺を見回して、締め忘れやオイルもれがないことを確認します。

２〜３分待ってからエンジンを始動させ、２分間くらいアイドリングさせてからエンジンを止め、もう一度オイルの量を再確認します。

オイルフィルターを交換すると、規定量だけではオイルは少なくなりますので、不足分は補給します。レベルゲージの目盛

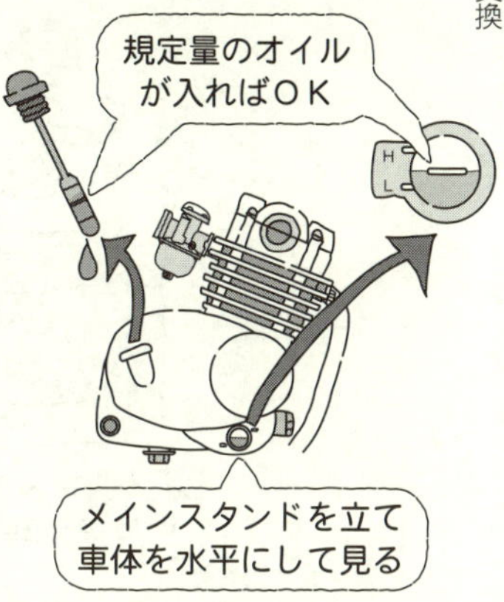

規定量のオイルが入ればＯＫ
H
L
メインスタンドを立て車体を水平にして見る

りより、少々の増減は大丈夫ですが、完全にオーバーだと、ブリーザーパイプからオイルが噴き出したりするので、ドレンボルトをゆるめてオイルを出し、適正量にします。レベルゲージや点検窓を見て、だいたい規定量になっていれば、オイル交換は完了です。

後始末について

オイル交換で困るのは、廃油の処理です。燃やすと黒煙《こくえん》と炎が出て危険ですし、公害になります。そのまま地中に埋めたり、下水に流すのは最悪です。絶対にやってはダメ。
オイルを買ったガソリンスタンドやバイク店に廃油を持ち込めば、引き取ってもらえます。

ガソリンスタンドやバイク店
には廃油専用の容器がある

ギヤオイルの点検と交換

4サイクル車はエンジンオイルとミッションのギヤオイルが共有なので、エンジンオイルの交換をすれば、ギヤオイルも交換したことになります。
2サイクル車は新しいエンジンオイルがオイルタンクから送られてくるので、エンジンオイルの交換は必要ありませんが、ミッションのギヤオイルを交換します。自動変速のスクーターは後輪駆動《くどう》部分に少量のギヤオイルがあり、オイル交換します。

ギヤオイルの点検

ごく普通に走っている2サイクル車なら、ギヤオイルは特別な点検は必要ありません。エンジン周りやドレンボルトにオイルもれがあるならば、すぐに量の点検が必要です。
オイル量の確認は、レベルゲージや点検窓から見るエンジンオイルと同じ方法以外に、レベルビスをはずして見る方法があり

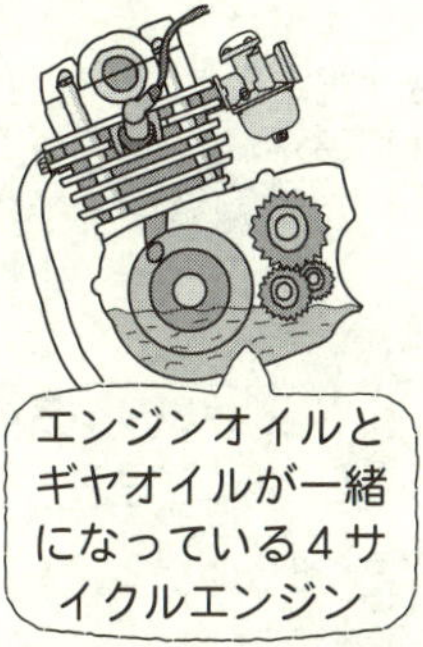
エンジンオイルとギヤオイルが一緒になっている4サイクルエンジン

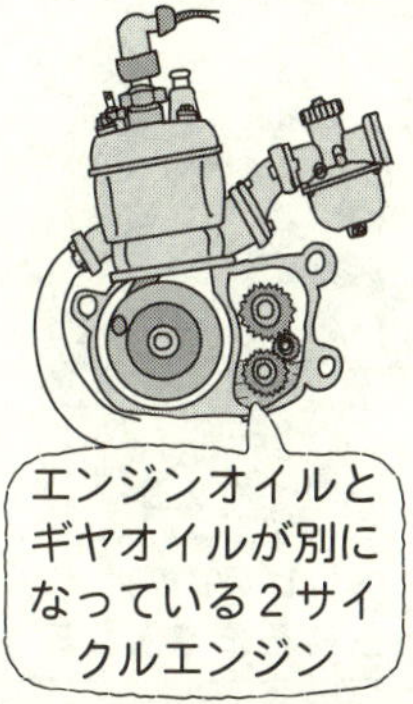
エンジンオイルとギヤオイルが別になっている2サイクルエンジン

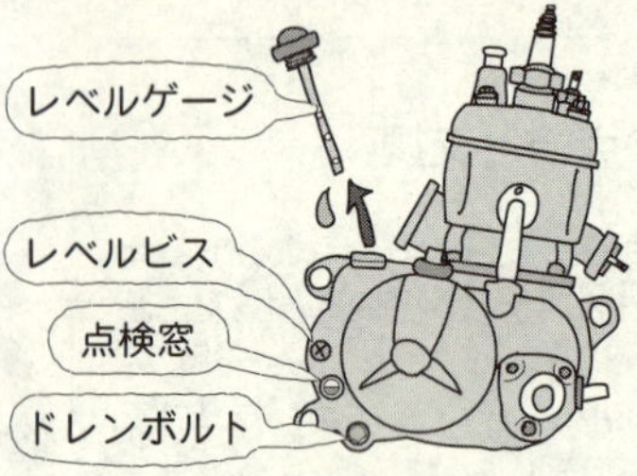
レベルゲージ
レベルビス
点検窓
ドレンボルト

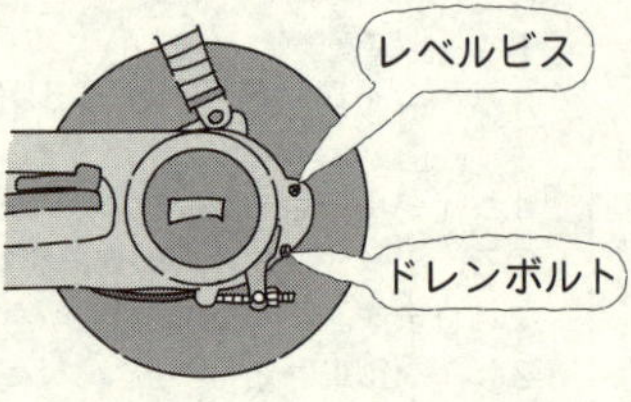
レベルビス
ドレンボルト

ます。
ギヤオイルの交換時期は、5000 km ぐらいが目安で、メーカー指定の2サイクル専用ギヤオイルが無難です。

2サイクル車のギヤオイル交換

エンジンをかけてオイルを暖め、ドレンボルトを取って、オイルを抜くまでは、エンジンオイル交換の手順と同じです。
ギヤオイルの点検窓やレベルゲージは小排気量車には少なく

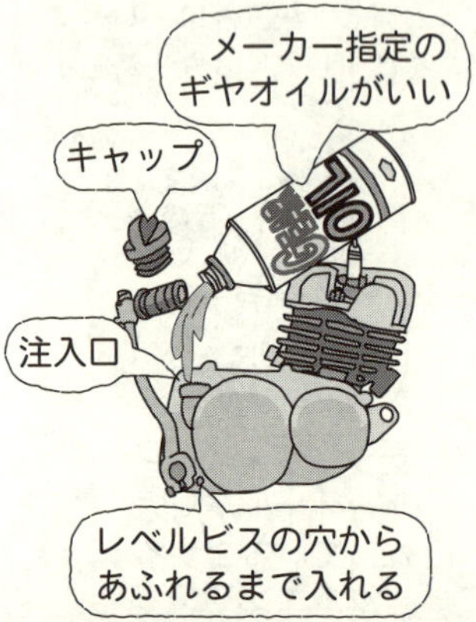
メーカー指定の
ギヤオイルがいい
キャップ
注入口
レベルビスの穴から
あふれるまで入れる

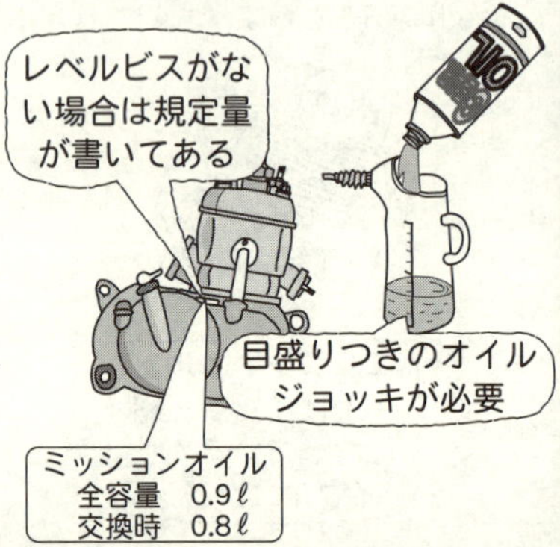
レベルビスがな
い場合は規定量
が書いてある
目盛りつきのオイル
ジョッキが必要
ミッションオイル
全容量　0.9ℓ
交換時　0.8ℓ

て、レベルビスを抜き、その穴までオイルがあれば適量という形式も多くあります。
ギヤオイルの量は各車違い、注入口に書いてある車種もありますが、1ℓ前後が多いようです。
抜き取ったオイルでも量はわかります。
ギヤオイルが抜けたら、ドレンボルトを手で仮締めしてから本締めします。
ドレンボルトの少し上に、レベルビスがあり、これを抜き取ります。注入口よりオイルを入れ続けると、レベルビスの穴からオイルがあふれて流れ出します。これがその車種のオイルの規定量です。
レベルビスを本締めすれば、ギヤオイル交換は完了です。

スクーターのギヤオイル交換

スクーターにも交換するギヤオイルがあります。あまり神経質になる必要はなく、1万kmぐらいで交換すればOKです。ギヤオイルを入れますが、80～100cc前後の少ない量です。
ドレンボルトや注入口のある形式は問題ありませんが、ドレンボルトとレベルビスだけがあり、注入口のない場合もあります。この形式はギヤオイルを抜いたら、オイル差しを使って、レベルビスの穴からオイルを入れ、ビスの穴からオイルがあふれたら規定量です。

レベルゲージ
つきもある
注入口
ドレンボルト

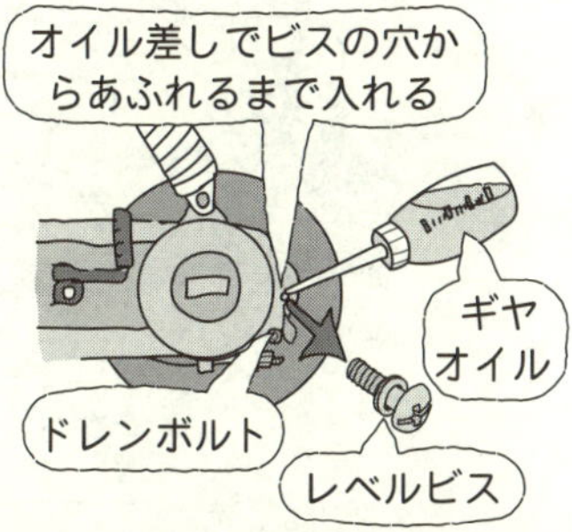
オイル差しでビスの穴から
あふれるまで入れる
ギヤ
オイル
ドレンボルト
レベルビス

ラジエター液の点検と交換

水冷エンジンにはラジエターがついています。ラジエターに入れる液体は、凍りにくい不凍液と水を混ぜたものです。
真冬に水道水をラジエターに入れたまま、抜くのを忘れたことがあります。翌日エンジンがかからず、キックするたびにマフラーから水がゴボゴボ出ました。夜の冷え込みでエンジン内の水が凍り、膨《ぼう》張《ちょう》した氷の圧力でシリンダが割れ、シリンダに入り込んだ水がマフラーから出たのです。
こんな例は特殊としても、ラジエター液の点検と交換も必要です。

ラジエター液の点検

ラジエター内に液が満杯に入っているかを見るのですが、注入口のキャップを取ってラジエターの中をのぞくわけではありま

せん。エンジンが熱いうちに、キャップを取るのは危険です。猛烈《もうれつ》な勢いで熱い蒸気が噴き出すので、絶対にやってはいけません。
ラジエターには別な場所に、リザーブタンクがゴムホースなどでつながっています。多くは中身の見える半透明な容器ですが、このリザーブタンク内の液量を見るのです。
リザーブタンクには上限と下限の線があり、その線の中に液が入っていればＯＫです。下限の線ギリギリでも、補給する必要はありません。エンジンとラジエターとリザーブタンクはつながっていて、エンジンが熱くなって液が膨張すると、増量した液をリザーブタンクに吐き出します。冷えて液の体積が元に戻ると、リザーブタンクから液を吸い出して、ラジエターの中をいつも満杯にする役目をします。
エンジンが熱いときと、冷えているときでは、リザーブタンク内の液量は変化します。
もしリザーブタンクが空《から》なら、ラジエター液を補給しますが、補給する液については、交換するときと同じ注意が必要です。

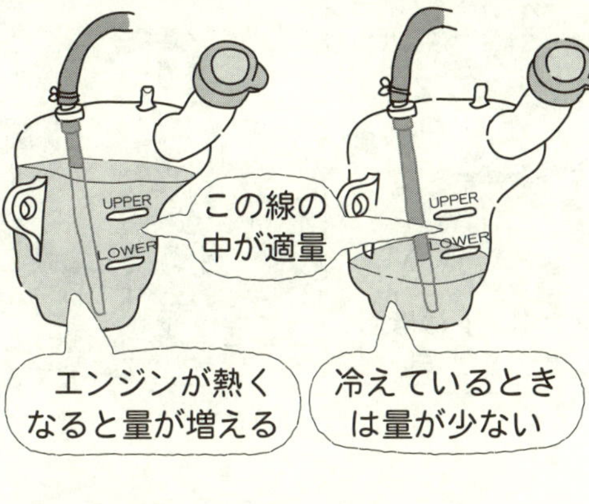
UPPER
LOWER
この線の中が適量
UPPER
LOWER
エンジンが熱くなると量が増える
冷えているときは量が少ない

ラジエター液の交換

ラジエターに入れる液は、水道水と不凍液を混合して入れます。不凍液にはサビ防止剤も入っていて、密閉された中を循環するのであまり汚れませんが、２～３年が交換の目安です。

①エンジンを止め、ウォーターポンプにあるドレンボルトから液を排出します。

②ラジエターのキャップを取り、ホースをラジエターに入れて水道水を流し込みます。不凍液の入っている状態では色のついた液が出ますが、透明な水に変わるまで流し続けます。

このとき、液の流れを加速して勢いよく流すために、短い時間ならエンジンをかけてもＯＫです。

③完全に透明な水になったら、

ウォーター
ポンプ
ドレンボルトはほかと違う形が多い

水道水を直接流し込む
透明な水になるまで流し続ける

水道を止めてドレンから水が出きるのを待ちます。
④不凍液の調合をします。どのくらいの量がラジエターに入るかは、各車違うので調べてください。入る量がわかったら、不凍液と水の混合比を調べます。混合比は気候によってかなりの違いがあります。
暖かい地方では20％くらいから、寒い地方では60％くらいです。この割合の違いでラジエター液の凍結温度が違ってきます。混合比が濃いと凍りにくくなりますが、夏の暑いときにオーバーヒートしやすくなります。

ⓑ水道水で満杯にする
ⓐ適量の不凍液を入れる
ⓒキャップを締める

関東だと不凍液の混合比は30％くらいだな
50ccクラスは1ℓ未満です
サービスマニュアルにラジエター液の容量がある

その地方にあった最適な混合比は、不凍液の容器に表記されているので、それを参考に適量を用意します。
⑤ドレンボルトを締めてから、用意した不凍液をラジエターに入れます。そのあとで水道水を満杯になるまでラジエターに入れ、キャップを締めます。
⑥エンジンをかけ10分くらい

アイドリングして、エンジンを十分に暖めます。これはラジエター液の通路途中に、冷えているときに閉まり、熱くなると通路が開く装置「サーモスタット」があるからです。液を温めてサーモスタットを全開にさせ、全体に液を回します。

⑦エンジンを止めて、エンジンが冷えるのを待ちます。ラジエターキャップにボロ布をかぶせて、静かにキャップをゆるめます。ボロ布は熱い蒸気が噴き出したときに、やけどを予防するためです。ラジエターの液は減っているはずなので、不足分は水道水を入れて満杯にします。リザーブタンクにも、ラジエターと同じ割合の液を、半分くらい入れれば、液の交換は完了です。

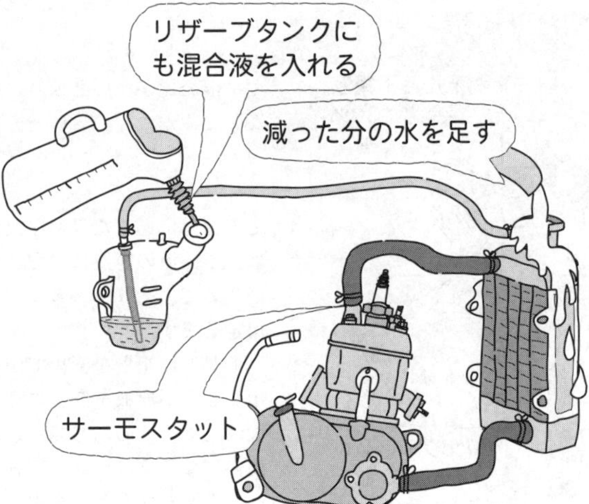
リザーブタンクにも混合液を入れる
減った分の水を足す
サーモスタット

バッテリーの点検整備

ここ10年でバッテリーの世界は大きく変わっています。最近のバッテリーは点検整備をしなくてもいい（逆にいうとなんにもできない）、メンテナンスフリーになっています。
でもまだ、点検整備が必要な古いタイプのバッテリーもあります。

バッテリーの寿命の見分け方

密閉されて点検のいらないメンテナンスフリーのバッテリー
DO NOT OPEN
MF
DO NOT OPEN
MF
点検が必要な注入口のあるタイプ

最近のバッテリーは手入れいらずになり、何もすることはありません。２～４年で寿命がくるといわれ、セルモーターが動かなくなったり、ライトが暗くなってきたら、寿命かな？　と疑ってください。
長い間乗らずにいると、バッテリーが上がってしまうこともありますが、バイク店に持ち込んで充電してもらえば、バッテリーは生き返ることもあります。

古いタイプの点検

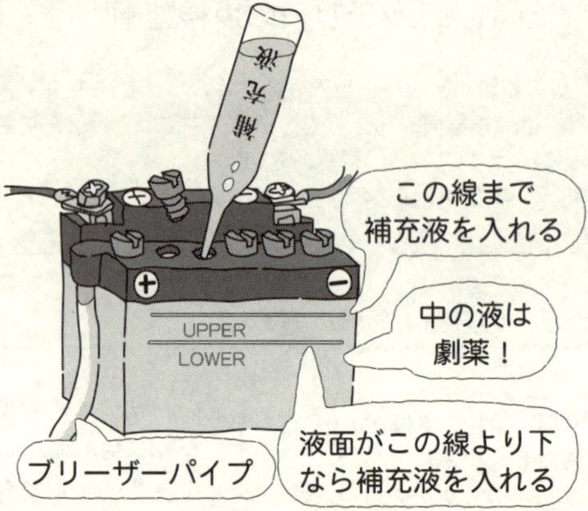
補充液
この線まで補充液を入れる
UPPER
LOWER
中の液は劇薬！
ブリーザーパイプ
液面がこの線より下なら補充液を入れる

点検といってもバッテリーを外から見て、液が適量あるかどうかを確認するだけです。
液が不足していたら、ガソリンスタンドやバイク店で売っている「バッテリー補充液」をつぎ足して適量にします。
バッテリー補充液に危険はないのですが、バッテリー内の液は希硫酸《きりゅうさん》などの劇薬です。衣服につくと、生《き》地《じ》はボロボロと溶けて穴があきます。手につくとやけど状態になって非常に危険なので、すぐに大量の水で洗い流します。
バッテリーを動かすときは液がこぼれないように、水平に保って静かに扱ってください。

バッテリーのはずし方

バッテリーをはずすときは、必ずキーをＯＦＦにします。まず

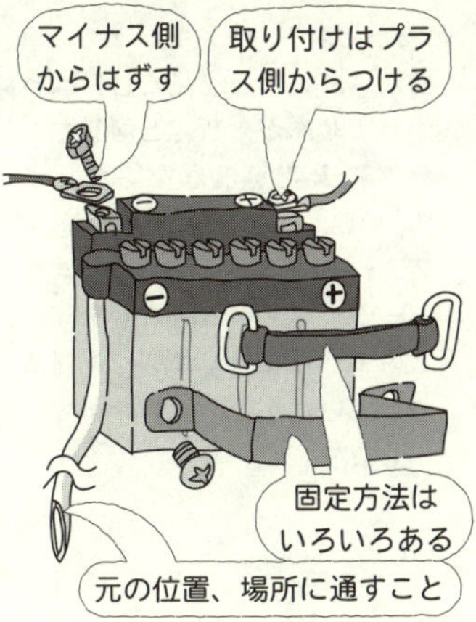
マイナス側からはずす
取り付けはプラス側からつける
固定方法はいろいろある
元の位置、場所に通すこと

マイナス端子をはずし、次にプラス端子をはずします。取り付けるときはプラス端子をつけてから、マイナス端子をつけます。このとき、工具が絶対にほかの部分に触らないように注意します。金属製の工具がフレームなどのほかの金属に触ると、ショートする恐れがあります。

スパークプラグの交換

最近はプラグ交換という言葉を聞かなくなりましたが、車より高回転を常用するバイクやスクーターのエンジンは、今でもスパークプラグは完全な消耗品です。４サイクル車は年に一度の点検ですみますが、２サイクル車はプラグの消耗が激《はげ》しく、プラグの状態によっては、かなり性能が左右されるので、1000kmくらいで必ず点検します。
プラグ交換は、カウル（カバー）をはずしたりラジエターを動かしたりと、以前より大変な作業になっています。

プラグキャップをはずす

まず、プラグにかぶさっているプラグキャップをはずします。プラグキャップを手で持って、プラグの角度どおりに引き抜きます。プラグキャップはプラグコードにつながっていますが、このプラグコードを持ってはずさないこと。コードを引っ張ってコードが抜けてしまえば、元に戻せばいいのですが、少し抜けた状態でプラグキャップにつながっていると、見た目にはわかりませんが、断線と同じでプラグに火花が飛ばなくなります。

スクーターは複雑な形のゴムカバーがついているものもあり、どのような状態でエンジン側についていたか、確認しながらはずします。

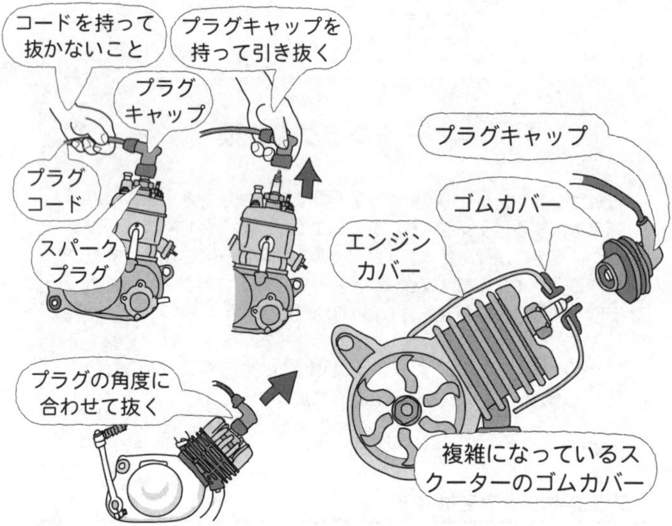
コードを持って
抜かないこと
プラグキャップを
持って引き抜く
プラグ
キャップ
プラグ
コード
スパーク
プラグ
プラグの角度に
合わせて抜く
プラグキャップ
ゴムカバー
エンジン
カバー
複雑になっているス
クーターのゴムカバー

プラグの上手《じょうず》なはずし方

プラグをはずすプラグレンチは、長すぎても短すぎても使えません。車載《しゃさい》工具が最適です。

車載工具のないスクーターは、プラグレンチの寸法をバイク店に聞いて揃えます。

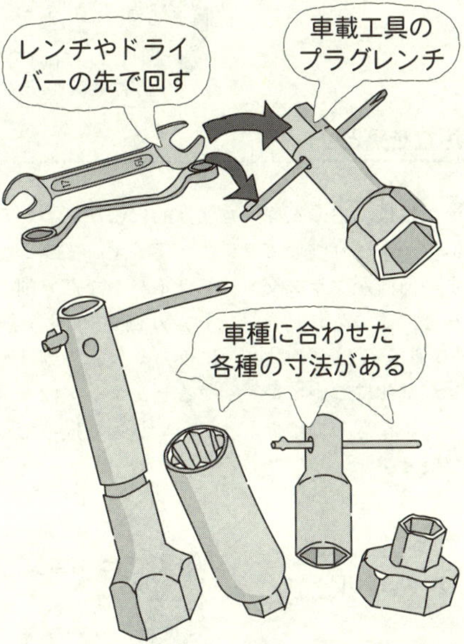
レンチやドライバーの先で回す
車載工具のプラグレンチ
車種に合わせた各種の寸法がある

プラグレンチは回し方にコツがあります。プラグレンチを奥まで差し込んでから、1mmほど引き上げて、少し浮かせてから回します。

1回転もゆるめば、あとは手で回してプラグは抜けますが、走ったすぐあとでエンジンが熱くなっていると、プラグも熱くて手では持てません。プラグを落として壊《こわ》れると、新品交換となります。

プラグレンチ
どのくらいの力でゆるんだか覚えておく
押しつけないで少し浮かしてゆるめる

プラグの汚れを落とす

はずしたプラグには、白や茶や黒色のカーボンがこびりついて汚れています。何回かプラグ交換を経験すると、この汚れ具合でエンジンの調子もわかります。カーボンが全体についているようなら、高価なものではないので新品交換です。

部分的にこびりついたカーボンは、ワイヤーブラシやマイナスドライバーなどで削《けず》り落とします。外側電極部分を磨《みが》くときに、力を入れてガリガリ手荒くやると、プラグはダメになります。やさしく扱ってください。

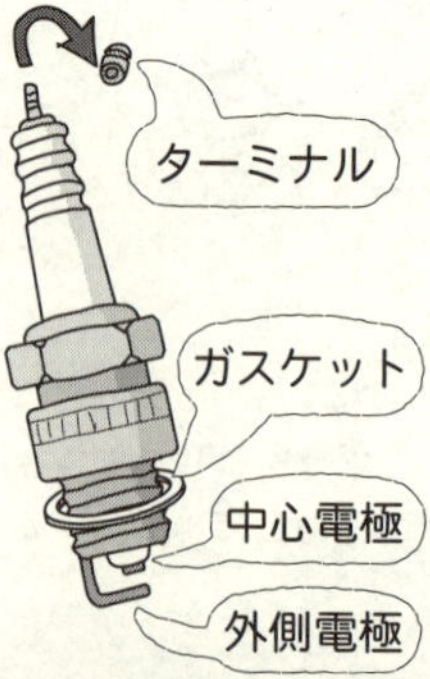
ターミナル
ガスケット
中心電極
外側電極

カーボン
ワイヤーブラシやドライバーなどでカーボンを削り落とす

プラグの中に落ちたカーボンの粉は、息で吹き飛ばします。

プラグの磨き方

中心電極の頭部分が丸く減っていたら、寿命なので新品交換です。プラグの火花は角《かど》のとがったところに飛ぶので、中心電極は角があるほどいいのです。

角をつくるには、700番のサンドペーパーで頭部分と、外側電極を平らに角がつくように磨きます。

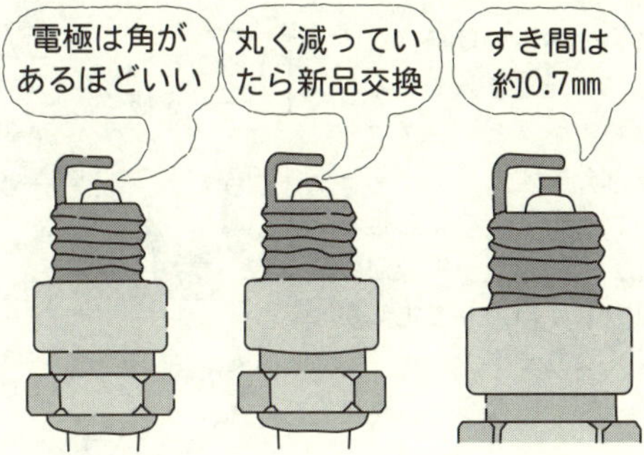
電極は角があるほどいい
丸く減っていたら新品交換
すき間は約0.7㎜

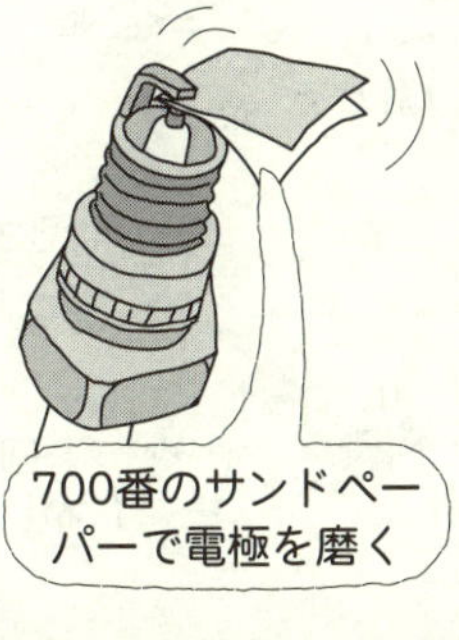
700番のサンドペーパーで電極を磨く

ドライバーの柄で電極をたたいてすき間調整をする

磨くと電極間のすき間が狂うので調整します。標準的なすき間は、0.6〜0.8mmくらいで、名刺約2枚分の厚さです。広いときはドライバーの柄《え》で軽くたたいて縮めます。狭くなりすぎたら、マイナスドライバーの刃で電極間を押し広げます。

プラグのすき間を0.5〜1 mmくらいの間で、いろいろ変えて実験するとおもしろいですよ。かなり性能の変化があり、すき間を広くしたほうが調子いいなんてこともあります。

プラグコードも点検する

火花が弱い、あるいは飛ばない原因として、見逃されているのがプラグキャップとプラグコードの接続部分です。スクーターはキャップとコードのねじ込み式が多く、その接点の銅線がゆるんだりサビが出たりで電気が通りにくくなります。

何年も乗っているなら、キャッ

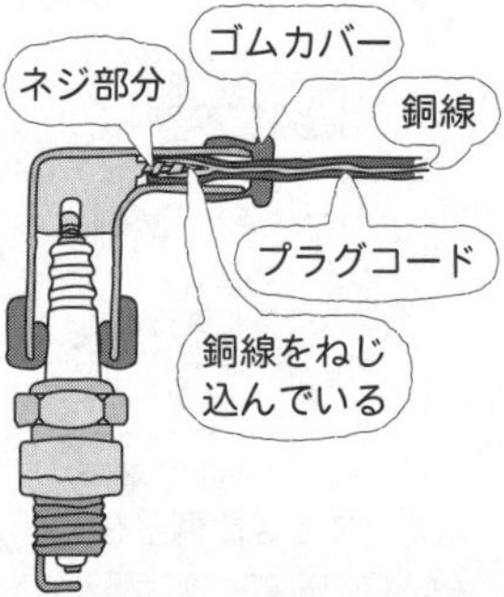
ゴムカバー
ネジ部分
銅線
プラグコード
銅線をねじ
込んでいる

キャップを回し
てコードを抜く
ゴムカバー
をずらす
コードは回さない
ペンチなどで切る
1 cmくらい
切り落とす
コードは回さない
キャップを回して
コードにねじ込む

プとコードをはずし、コードの先端部分を1 cmくらい切り落とし、新しい切り口にキャップをねじ込むと、元気のいい火花になります。

ゴムカバー
を元に戻す

火花テスト

プラグに火花が飛ぶのを目で確かめるテストです。プラグをプラグキャップに差し込み、プラグコードの届く範囲内で、ボルトやナット、メッキされている金属部にプラグの金属部を接触させます。

キーをONにして、セルモーターを回すかキックすると、プラグの電極間にパチッと青白い火花が飛びます。火花は強いほうがいいのですが、弱くても火花

必ずプラグキャップを持つ
もし感電したらプラグキャップの不良
スイッチONでセルを回すか、キックをすれば火花が出る
金属の地肌にプラグを直接接触させる
塗装面やプラスチックは電気を通さないので不可

太くて青白い
火が最高
糸より細い火
は新品交換
火が移動する
のも新品交換

が飛べばＯＫです。
火花が飛ばない場合は、金属部の接触個所を換えたり、プラグを取り換えたり、コードとキャップの接点部分をねじ込んだりします。火花が飛ばなかったり、弱い火花が電極間を動くように移動するときは新品交換です。
火花テストで注意するのは、絶縁されているプラグキャップ以外は触らないこと。数万ボルトに感電すると、ビリッというより、ドカンと体に衝撃が走ります。

プラグを取り付ける

ガスケットを
忘れないよう
に入れる

火花テストに合格したらプラグを取り付けますが、必ず２回転以上は手で締め込んでください。手で楽に締め込める位置が必ずあります。かたくて締めにくいからと、最初からプラグレンチで強引に締め込むと、シリンダヘッドのネジ山をつぶし、

手で２回転
以上締める
歯を食いしばる
ほどは締めない
ネジ山が合わ
ないとかたい

新品のヘッドに交換なんてことにもなります。
最後の本締めですが、歯を食いしばって力を入れてはいけません。プラグをゆるめたときの力を覚えておいて、同じ力加減で締めます。シリンダのアルミ材は案外弱いので、もう少し締まるな、というところでやめます。
プラグがついたらプラグキャップをしっかりかぶせ、エンジンをかけます。エンジンが始動してから、はずしたカウルをつけてプラグ点検は完了です。

COLUMN

走り方でプラグを換える

はずしたプラグを見て、エンジンの調子がわかります。走り方によって最適なプラグに交換するのも、プラグ点検の役目です。

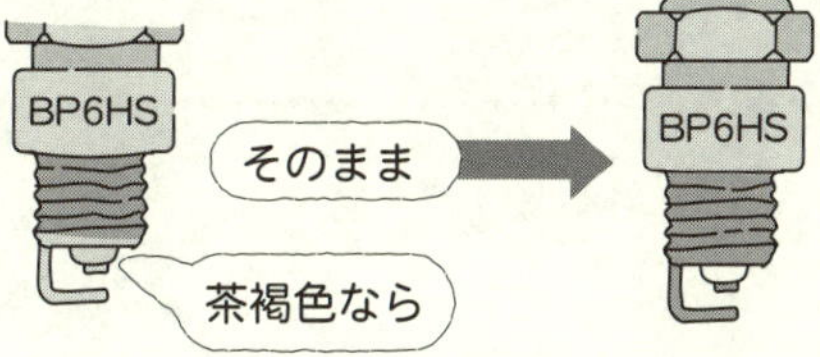
BP6HS
そのまま
BP6HS
茶褐色なら

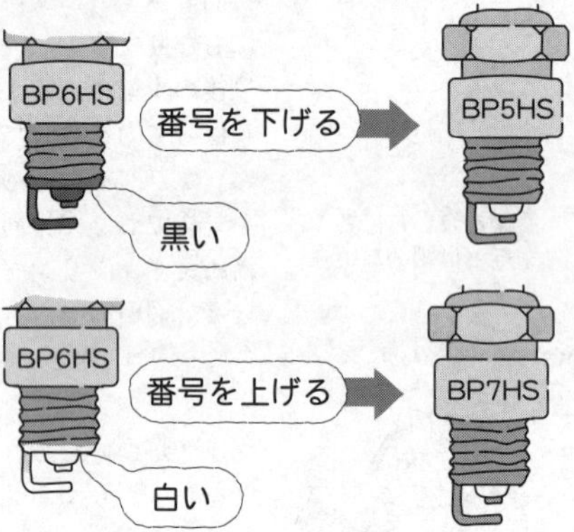

同じエンジンでも、走り方によって使うプラグの番数は違うものです。夏と冬、気温によってもかなり違うものです。

はずしたプラグが茶褐色《ちやかつしょく》になっているのがいちばんいい状態ですが、真っ黒だったら、プラグに書いてある番数を1～2番下げたほうがいいようです。

真っ白になっていて、電極が溶けかかっていたら、番数を1～2番上げます。

プラグの番数を変えても、白や黒になるのは、プラグ以外に不調個所があります。

新品プラグに交換するときは、古いプラグに記入されている英数字と同じ記号番号にします。似ている記号でも違いは大きいので、同じ記号を使います。

プラグメーカーによって英数字は違いがあるので、互換性を確認してください。

エアクリーナーを掃除する

エアクリーナーは、空気中の小さなゴミやホコリをエンジン内に入れないためのフィルター（エレメント）の役目をします。長い間走っていると、フィルターもホコリなどで目詰まりして通過する空気量も減って、まるでチョークをして走っている状態になり、燃費は悪くなるし高回転も不調になります。
掃除の目安は、普通は2000kmくらいですが、オフロードなどホコリの多い場所を走ったら、500kmくらいで掃除します。

湿式クリーナーの場合

掃除が必要なので、エアクリーナーは簡単に整備できるようになっています。

湿式・乾式・ビスカスなどの種類がありますが、50ccクラスのほとんどは湿式エレメントで

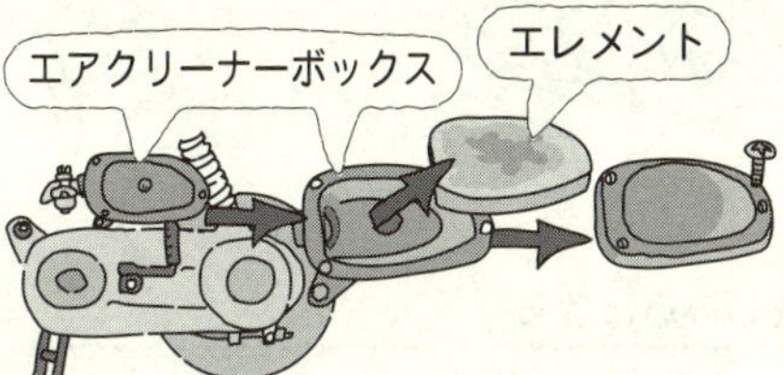

す。
掃除をするのは、エアクリーナーボックスに入っているエレメントです。エアクリーナーボックスは、2～3本のビスでカバーが取れ、中の湿ったスポンジがエレメントです。

エレメントは灯油で洗う

汚れたエレメントは、灯油で洗います。ガソリンなどの揮《き》発性《はつせい》の高いものは、スポンジが変質するので使ってはいけません。
スポンジを灯油の中で、やさしく汚れが落ちるまでもみ洗いをします。そのあと、片手で握るように絞《しぼ》ってから、放置して灯油が乾くのを待ちます。

やさしくもみ洗いする
灯油
よく乾かす

オイルをしみ込ませる

スポンジが乾いたら、2サイクルか4サイクルのエンジンオイルをエレメント全体にしみ込ませます。
オイルがたれなくなるまでスポンジをギュッと絞り、元どおりに取り付ければ掃除は完了です。

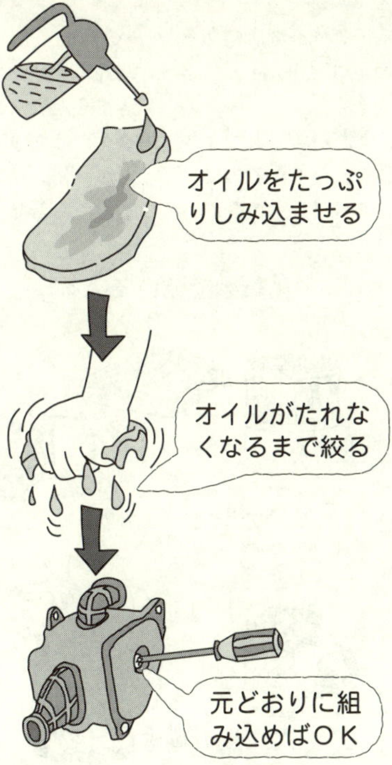
オイルをたっぷりしみ込ませる
オイルがたれなくなるまで絞る
元どおりに組み込めばＯＫ

乾式クリーナーの場合

乾式に使われている紙製エレメントの掃除は簡単です。

エレメントを取り出し、エアガンなどの強力なエアで、ゴミを吹き飛ばすだけです。コンプレッサーを使うエアガンは、ガソリンスタンドやバイク店にあるので、使わせてもらいましょう。
エレメントは穴があくとフィルターの役目をしなくなるので、ていねいに取り扱ってください。
乾式エレメントにオイルをしみ込ませたビスカスタイプは、バイクにはあまり使われていませんが、使い捨てなので汚れてしまったら新品交換です。

ガソリンコックの役目とは

ガソリンコックには、ガソリンを止めたり流したりする以外に、ガソリンに混じったゴミなどを取るフィルターが入っています。さらにカップ下部に比重の重い水をためて、キャブレターに水を送らなくする役目もあります。

ガソリンコックを掃除する

手動のガソリンコックなら、どの車種もすぐに手が届く、わかりやすい位置にあります。
掃除をしないで長い間乗っていると、内部にゴミなどがたまり、ガソリンの流れが細くなり、エンジントラブルの原因になります。
掃除は、カップ内部に沈殿《ちんでん》しているゴミや水を取ります。
コックをＯＦＦにしてから、カップをゆるめるのですが、どのくらいの力でゆるんだかを覚えておいてください。想像していたよりは簡単にゆるむはずです。
スクーターは手動のガソリンコ

ガソリンコック
をＯＦＦにする

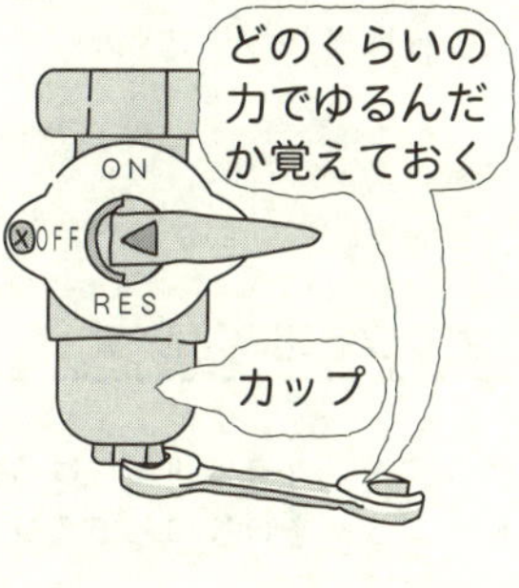
どのくらいの
力でゆるんだ
か覚えておく
ON
OFF
RES
カップ

ックではなく、エンジンが始動するとガソリンが流れる負圧式のコックが多く、フィルターやカップのないものもあります。

フィルターとカップの掃除

カップがゆるんだら、中身がこぼれないように手で回して真下に抜き取ります。
カップの中がガソリンだけできれいなら問題はないのですが、ゴミが入っていたり、底に汚れた液体があるのはかなり問題です。茶色のサビのかけらがあればタンク内がサビている証拠ですし、汚れた液体は水です。サビや水の量が多いときは、バイク店で見てもらいましょう。
カップ内とフィルターは流れ出たガソリンできれいに洗うだけで、掃除は終わりです。

ON
OFF
RES
茶色のは水
ゴミ
フィルター
ゴムリング
中のガソリンがこぼれないようにはずす

カップを組み付ける

カップをコックに組み付ける前に、コックをＯＮにしてガソリンを流します。連続してガソリンが糸を引くように流れればＯ

Ｋ。
ついでに、流れ出たガソリンをカップで受けて満杯にし、そのままカップをコックに締めていきます。カップにガソリンを入れておくと、キャブレターにガソリンが早く流れます。
手でカップを数回ねじ込んでから工具で締めますが、ゆるめたときの力加減を思い出してください。強い力で締めたり、最初から工具を使って締め込むと、やわらかい材質なのですぐにバカネジになります。くれぐれも締めすぎないように。

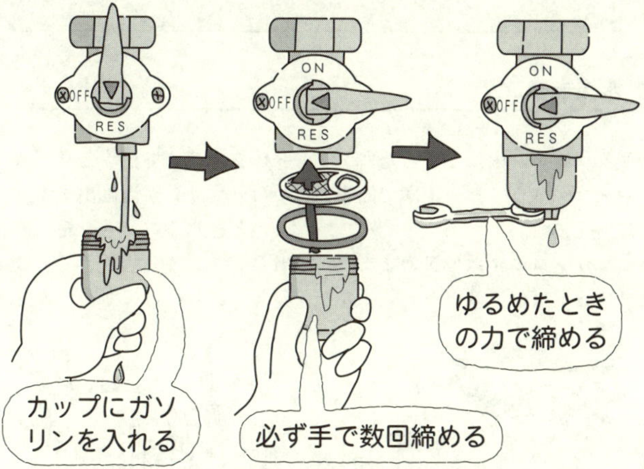
OFF
RES
ON
OFF
RES
ON
OFF
RES
カップにガソリンを入れる
必ず手で数回締める
ゆるめたときの力で締める

キャブレターの水抜き方法

ガソリンタンクからキャブレターまでの間には、フィルターがあってゴミや水が流れないようにはなっています。それでも長い間にはゴミや水はキャブレターに入ります。
そのまま使い続けると、キャブレター内の穴が詰まったり、水が悪さをする不調の原因になります。エンジンの調子が変だな、と思ったときに、試してみる価値はあります。

水抜きのコツ

キャブレター内にたまったゴミや水は、ドライバー１本で簡単に出せます。
ガソリンコックはＯＮのまま、フロート室のビス（ドレンボルト）をゆるめて抜くと、ビス穴からガソリンが流れ出ます。
このとき水やゴミも一緒に流れ出るので、10秒間くらいはそのまま流し続けてから、ガソリ

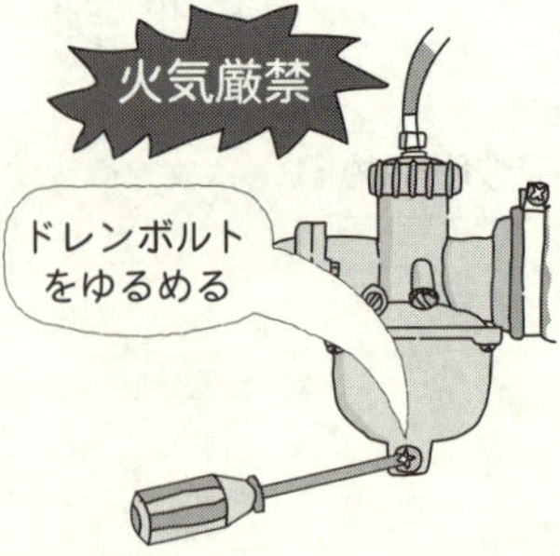
火気厳禁
ドレンボルトをゆるめる

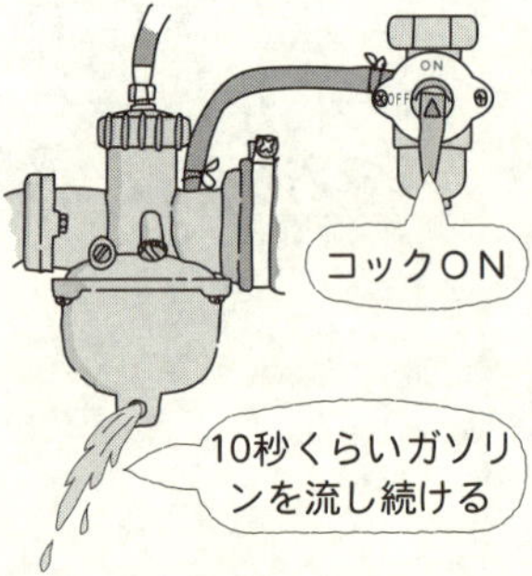
ON
OFF
コックON
10秒くらいガソリンを流し続ける

ンコックをＯＦＦにしてガソリンを止めます。これでフロート室にたまっていた不純物はきれいになります。
ドレンボルトを締め、ガソリンコックをＯＮにして、キャブレター内にガソリンが満杯になる１分間くらい待てば、水抜きは完了です。

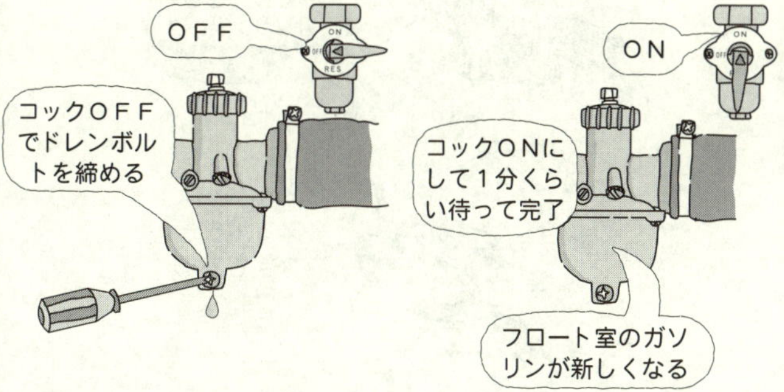
OFF
コックOFFでドレンボルトを締める
ON
コックONにして1分くらい待って完了
フロート室のガソリンが新しくなる

スクーターの水抜き

スクーターのガソリンコックは、ＯＮ、ＯＦＦの切り替えコックのない負圧コックが多く使われています。エンジンが動くと生じる負圧でガソリンを吸い込む形式です。
エンジンが止まっているとガソリンは流れないので、ドレンボルトを抜いても、フロート室内にたまっていたガソリンが流れるだけです。セルモーターを回したり、連続キックをしてエンジンを動かしてガソリンを流します。

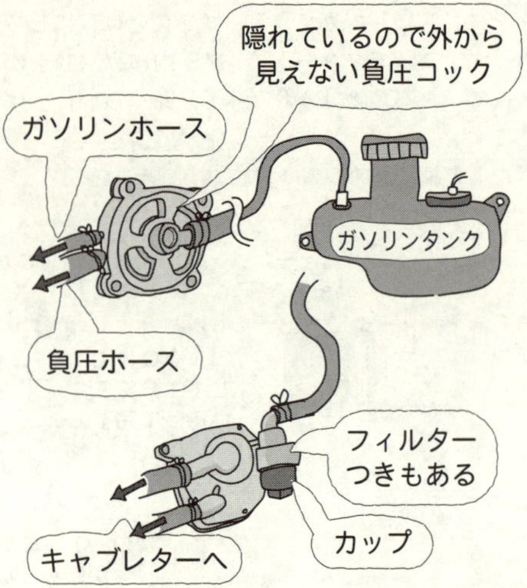
隠れているので外から
見えない負圧コック
ガソリンホース
ガソリンタンク
負圧ホース
フィルター
つきもある
カップ
キャブレターへ

ドレンボルトを締めたあと、そのままではフロート室が空のままなので、エンジンはかかりません。セルモーターを回したり、連続キックをして、フロート室にガソリンを流します。一度始動すれば水抜きは完了です。

負圧コックはエンジンが回らないとガソリンが流れない
連続してキックするとガソリンが流れる

長く放置したときの水抜き

いつも走っていれば問題ないのですが、半年間くらい乗らずに放置すると、狭い場所にたまっているキャブレター内のガソリンが化学変化をします。通称「ガソリンが腐《くさ》る」といいます。腐ったガソリンはすごい悪臭になるのでわかります。
まず水抜きでキャブレター内の腐ったガソリンを抜いて捨て、ガソリンタンク内のガソリンと入れ替えてから始動します。
ガソリンタンクのキャップを取ると、すごい悪臭がするようになるまで、タンク内のガソリンを腐らせたら、その他の整備もしないと始動は難しくなります。量が多いタンク内のガソリンは簡単には腐りません。

ガソリンが腐る
とすごく臭い！

チェーンのメンテナンス

ベルト駆動のスクーターにはありませんが、バイクはチェーン駆動が大多数です。強く激しい力が加わるチェーンは、材質の向上で耐久性はかなりよくなったのですが、それでも必ず伸びます。オイルを注入することでかなり伸びを防ぐことができるので、こまめに注油しましょう。
チェーンが伸びたまま走っていると、スプロケットの減りも早くなります。

チェーンの注油は後輪を浮かせて

チェーンはピカピカに光らせるのではなく、いつも油分が残っているのが理想です。注油にはなるべく粘度の高いエンジンオイルなどを使います。市販の缶スプレーのチェーンオイルは粘度もあり、浸透性もよく使い方も簡単なので必需品です。オイルレスチェーンにも、専用の注油オイルがあります。
注油は、センタースタンドを立てるか、あるいはエンジン下に台を入れて、後輪を浮かせ、手で後輪を回しながらチェーン全体にオイルを差します。

チェーンオイル
チェーンオイル
エンジンオイル
後輪を浮かせる
しばらく放置してからオイルをふき取る

エンジンをかけて、1速に入れて後輪をゆっくり回しながらオイルを差すことは、絶対にやってはいけません。動いているチェーンとスプロケットの間に指を巻き込まれて、指先を切断したのを目撃したことがあります。

チェーン全体にオイルが回ったら、そのまま10分間くらい放置します。

後輪を手で回しながらボロ布で油をふき取り、チェーンがきれいになったら注油は完了です。

点検はサイドスタンドを立てて

走っていればチェーンは伸びてきます。張り具合には適正量があるので点検します。

サイドスタンドを立てた状態で、チェーンの中間位置を指で持ち上げます。標準は2cmくらいなので、5cm以上あればチェーン調整が必要です。

アジャストナットでいちばん後

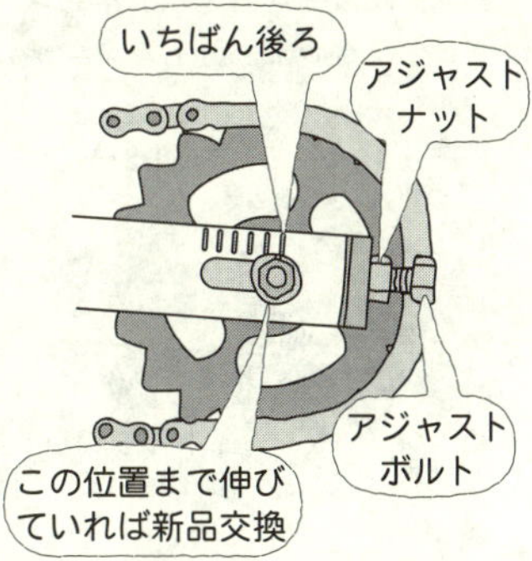
いちばん後ろ
アジャストナット
アジャストボルト
この位置まで伸びていれば新品交換

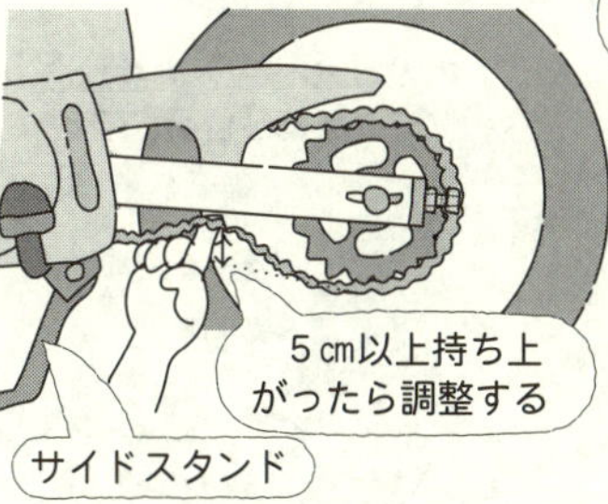
5㎝以上持ち上がったら調整する
サイドスタンド

新品の歯
とがってきたら新品交換

ろまでチェーンが引かれていて、さらにゆるんでいれば新品交換です。その場合はスプロケットも点検してください。スプロケットの歯がノコギリみたいに三角形になっていれば、スプロケットも新品交換です。

伸びたチェーンの調整法

伸びたチェーンは、後輪を後ろに引いてチェーンを引っ張って調整します。
まず、後輪ブレーキのトルクロッドをゆるめます。トルクロッドナットをゆるめるだけでＯＫです。
後輪アクスルシャフトの割りピンを抜き、アクスルナットをゆるめます。これもゆるめるだけ

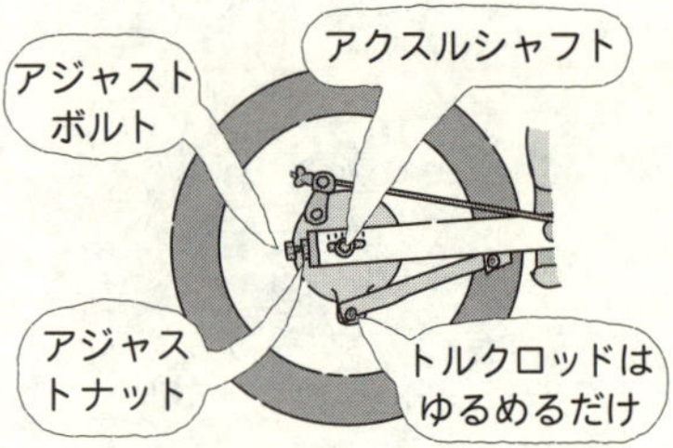
アジャストボルト
アクスルシャフト
アジャストナット
トルクロッドはゆるめるだけ

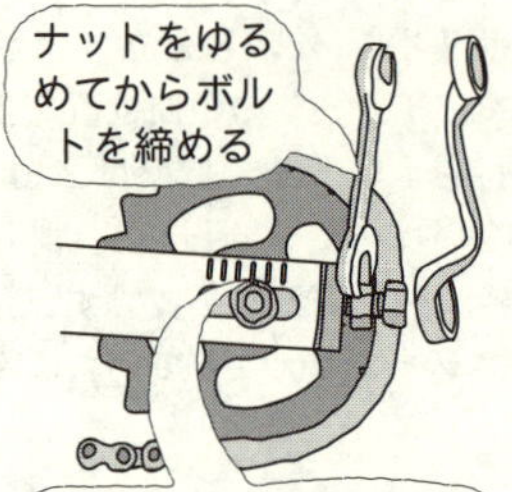
ナットをゆるめてからボルトを締める

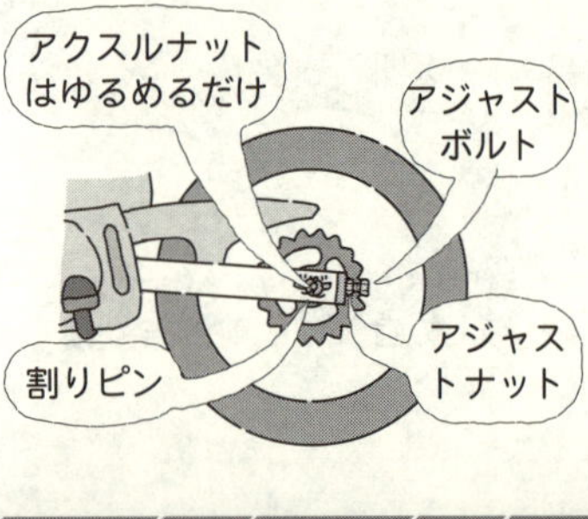
アクスルナットはゆるめるだけ
アジャストボルト
割りピン
アジャストナット

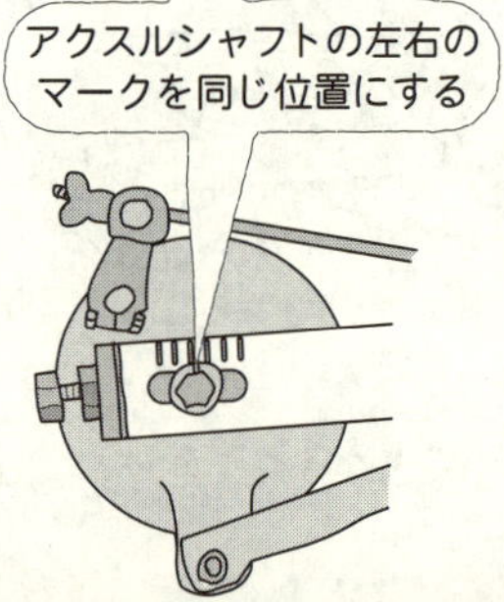
アクスルシャフトの左右のマークを同じ位置にする

です。
それからアジャストボルトを締めていけば、チェーンは張ってきます。
アジャストボルトは両側にあり、片側だけを締めるのではなく、左右を少しずつ締めて、マーク位置が同じになるようにします。
左右のマーク位置が同じで、たるみが2 cmくらいになったら、アジャストナットを締めて固定し、アクスルシャフトのナットを締めて固定します。
ちゃんと調整したはずなのに、固定してからチェーンを見たら、パンパンに張っていた、というのはよくあることです。これを防止するには、アクスルシャフトのナットを1回転ゆるめるくらいで、かために調整するとうまくいきます。
チェーンを張りすぎたときは、アクスルナットとアジャストボルトをゆるめてから、後輪を足で前に押してチェーンをゆるませ、あらためて調整します。
アクスルナットに割りピンを入れ、トルクロッドナットを締めて完了ですが、ブレーキの利く位置が変わっているので、必ずブレーキ調整をします。

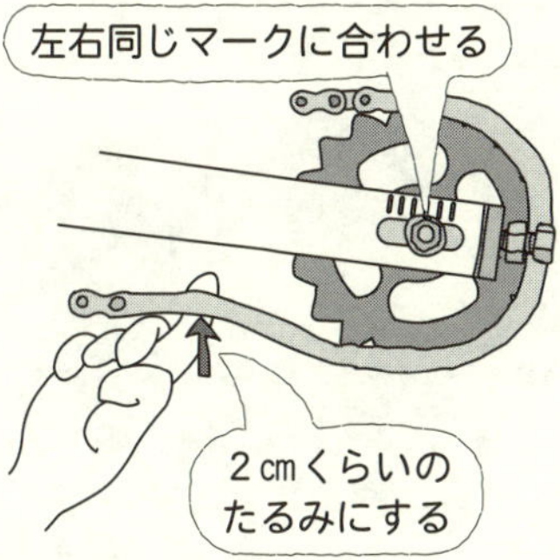
左右同じマークに合わせる
2㎝くらいのたるみにする

チェーンを引きすぎたら後輪を前にケッ飛ばしてゆるめる
ゆるんだら再調整

第3章

自分でできるオーバーホール

ブレーキのオーバーホール

❶ディスクブレーキの場合

スポーツタイプのバイクやスクーターの前輪には、オイルを使うディスクブレーキが使われています。油圧を利用するディスクブレーキのオイルは密封状態ですが、それでも長期間の使用や、オイル交換時などには空気が混入します。ブレーキオイルにエアが混入すると、その泡がクッションになって油圧がきっちり伝わらず、レバーを握《にぎ》ってもフワフワした感触でかたくならず、グリップにレバーが触るほど握っても、ブレーキは利《き》かなくなります。

オイルのエア抜きとは

基本的にはブレーキオイルの交換（108ページ参照）と同じ方法でエアを抜きます。残念ながら、オイルの中に混じったエアだけを選別して取り出す方法はありません。
新しいオイルをつぎ足しながら、エアの混じったオイルを追い出します。キャリパのブリーダーバルブから抜くのが主ですが、リザーブタンク側からもエアを抜きます。
リザーブタンク側は、オイルよ

オイルにエアが混入するとエアの泡がクッションとなって力が伝わりにくくなる

り比重の軽いエアの泡は簡単には出てこないのですが、オイルホースを軽くたたいたりして、浮き上がってくるのを期待します。
レバーを小刻《こきざ》みに動かすと、リザーブタンクの底から、エアが泡となって出るのがわかります。よく見ないとわからないような小さな泡ですが、泡が出なくなればリザーブタンク側のエア抜きは完了です。
エア抜き作業も慣れないと、1日かかってもエアが抜けない微妙なところがあります。最初はベテランに教えてもらいながらやる作業です。

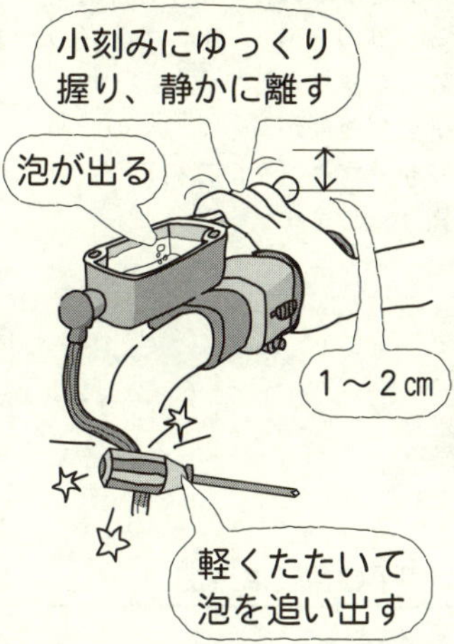
小刻みにゆっくり
握り、静かに離す
泡が出る
1〜2㎝
軽くたたいて
泡を追い出す

エア抜き作業

レバーを小刻みに1〜2 cm幅で5〜6回握ったり離したりしながら、ある程度かたくなる位置でレバーを止めます。レバーを握ったまま、ブリーダーバルブを半回転あけると、止めていたレバーはやわらかくなってハンドルグリップに当たるまで握れます。
ブリーダーバルブから出るオイルには、大小の泡が混じっているのが見えます。レバー先端がグリップに当たったら、ブリーダーバルブをすばやく締めます。
ブリーダーバルブを締めたらレバーをゆっくり離し、数秒間そのままにして、再びレバーを小刻みに動かして、ブリーダーバルブをゆるめてオイルを排出する、ブリーダーバルブを締める、を繰り返します。オイルは排出した分が減っていくので、リザーブタンクに補給しながら繰り返します。

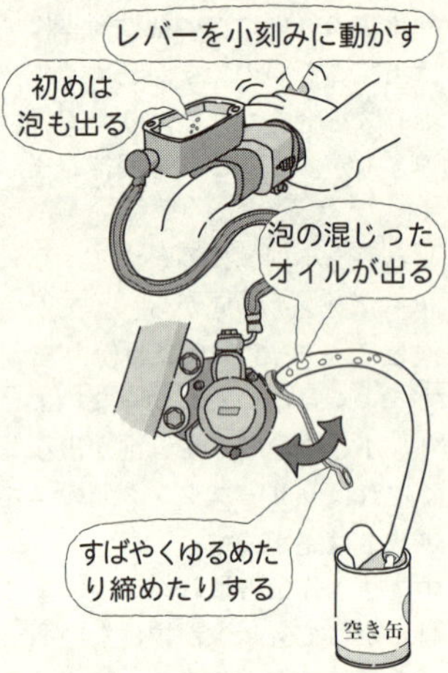
レバーを小刻みに動かす
初めは泡も出る
泡の混じったオイルが出る
すばやくゆるめたり締めたりする
空き缶

完了の目安は気泡《きほう》

放出されるオイルに混じる泡が、だんだん小さくなってきて、泡が出なくなり、きれいなオイルだけになったらエア抜きは完了です。
泡の出ているうちは、レバーを握ってもフワフワした手応えですが、泡がなくなるとレバーは重くなり、半分も握ればかたくなります。レバーがかたくなればブレーキもしっかり利くようになります。ビニールチューブを取り、リザーブタンクに適量のオイルを入れ、フタをすれば終了です。
エアは簡単には抜けず、根気のいる作業なので、慣れていても数時間かかることも珍《めずら》しくありません。バイクやスクーターを止める、という命を預ける大事な部分なので、自信がなかったら、ブレーキ関係の調整や整備はプロにまかせてください。

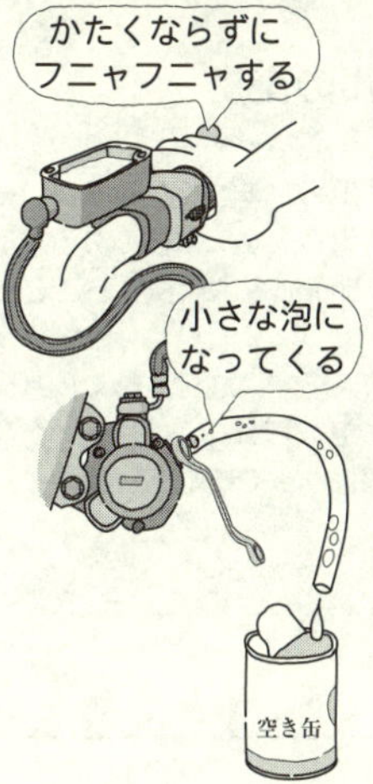
かたくならずに
フニャフニャする
小さな泡に
なってくる
空き缶

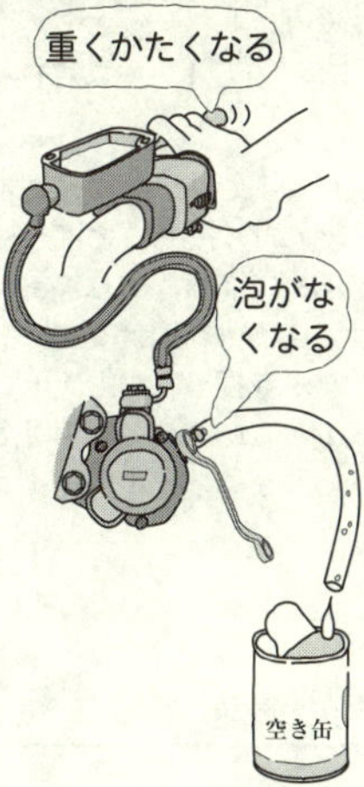
重くかたくなる
泡がな
くなる
空き缶

ゆっくり走って
何度もブレーキ
の利きを確かめる

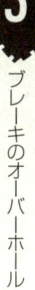

ブレーキオイルの交換

ディスクブレーキで使うブレーキオイルも、年数がたてばブレーキを使っても使わなくても、オイルは劣化します。車検のある中型車以上は、定期的に点検がありますが、50cc車は点検することもなく使い続けているのが現状です。
ブレーキレバーを握ってもカチッと決まらず、なんとなくレバーがフニャフニャしていたり、3年以上も走っていて、リザーブタンクの点検窓から見えるオイルが、真っ黒になっていたら、即オイル交換です。

オイル交換の準備

ブレーキオイルの交換は単純な作業ですが、ある程度の経験を積んだ微妙な感覚を要するので、最初はベテランに教わりながらやってください。
ブレーキオイルの交換に必要な

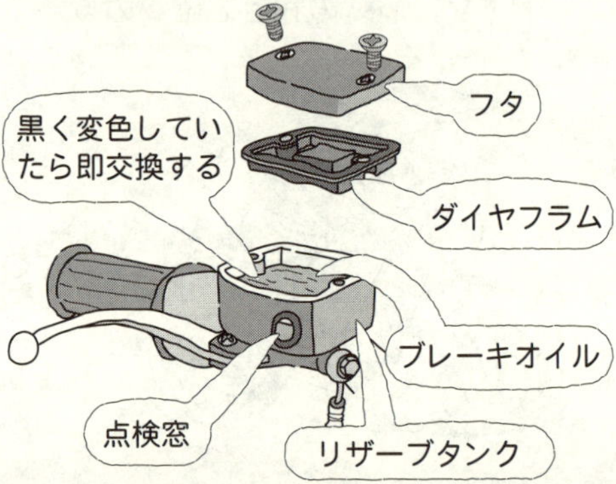
フタ
黒く変色していたら即交換する
ダイヤフラム
ブレーキオイル
点検窓
リザーブタンク

空き缶など
オイル受け皿
ブレーキオイル
空き缶
ボロ布
ブリーダーバルブは絶対にめがねレンチを使う
透明でやわらかなビニールチューブ
オイルがかかりそうな場所はボロ布などで隠す

用品を揃えます。ブレーキオイルはメーカー指定のものが無難です。車体を水平にするため、メインスタンドを立てたり、エンジン下に台を入れます。
ブレーキオイルがこぼれて塗装につくと、色が落ちたりサビが出たりするので、ガソリンタンクやフロント回りにボロ布などをかぶせて、ブレーキオイルがこぼれても車体につかないようにします。

作業準備

キャリパにあるブリーダーバルブに、そのバルブに合うめがねレンチを入れてから、透明のビニールチューブをブリーダーバルブに差し込みます。このビニールチューブからオイルが排出されるので、片方はオイルの受け皿に差し込みます。
リザーブタンクのフタを固定している２本のビスをゆるめ、フ

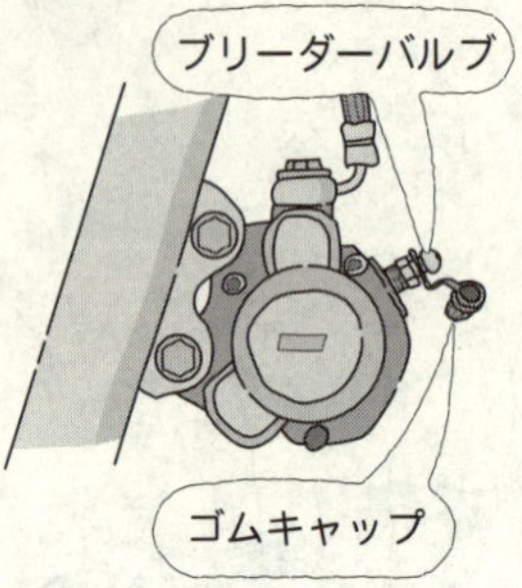

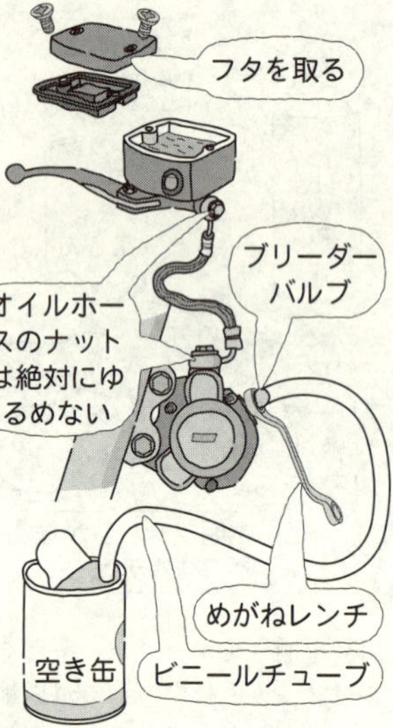

タを取って、フタの下にあるゴム製のダイヤフラムも取れば準備完了です。
ブレーキオイル交換は、ベテランなら1人でもできますが、慣れるまでは2人1組で、気を合わせてやる作業です。

古いオイルを追い出す

急激にレバーを握りすぎるとオイルが噴き出すこともある

準備ができたら、１人がブレーキレバーを強く握り、そのままの状態で待ちます。このときレバーを早く握りすぎると、リザーブタンクのオイルが噴き出すので、ゆっくり強く握ります。このとき、もう１人がブリーダーバルブを半回転ゆるめます。するとビニールチューブからオイルが流れ出します。
と同時に、握っていたレバーが

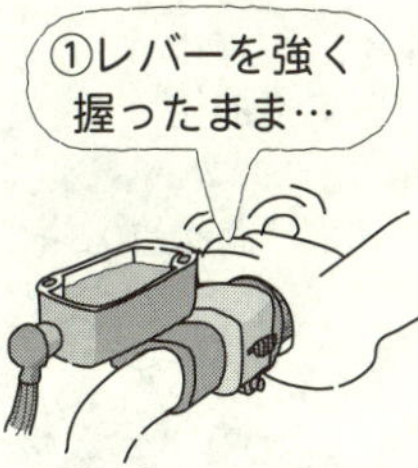
①レバーを強く握ったまま…

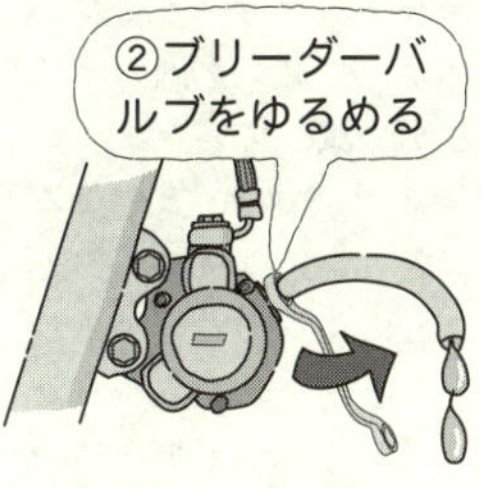
②ブリーダーバルブをゆるめる

③オイルが出たらすぐにブリーダーバルブを締める

④レバーを離して①に戻る

急に軽くなってもっと握れます。そのままレバーを強く握っていると自然にレバーがグリップにつきます。レバーが軽くなったと同時に、ブリーダーバルブを戻して締めます。このときもレバーは強く握ったままです。この作業は、2人が気を合わせてすばやくやります。

ブリーダーバルブを締め戻してから、握っていたレバーを離します。

再度レバーを握ってからブリーダーバルブをゆるめ、オイルが出たらブリーダーバルブを締める……この動作を繰り返して、少しずつオイルを抜いていきます。

途中でオイルを補給する

ブリーダーバルブにつけたビニールチューブから古いオイルが出て、リザーブタンク内のオイルが少しずつ減っていきます。タンク内のオイルがなくなると、空気を吸い込み逆にエアを混ぜることになります。オイルは常時半分必要なので、減った分はすぐに新しいオイルを補給します。

リザーブタンクに軽くフタを載《の》せたままレバーを握ると、オイルの噴き出し防止になります。

オイルが減ったらすぐ補給
ブレーキオイル
いつも半分以上は入れておく

目安はオイルの色

ビニールチューブから出るオイルが有色から無色透明に変わったら、新しいオイルに入れ替わったサインです。オイルが無色になり、ブレーキレバーを握るとブレーキがかたくなって利いていればＯＫです。
リザーブタンクにオイルを８割くらい入れ、ダイヤフラムを入れてフタを固定すれば、オイル交換は完了です。
オイル交換の手順どおりにやったのに、レバーを握ってもフニャフニャとやわらかくてブレーキが利かない、なんてことはよくあることです。グリップに当たるまでレバーを握ってもかたくならないのは、オイル交換中にエアが混じってしまったのです。この場合はエア抜き（104ページ参照）の作業が必要です。

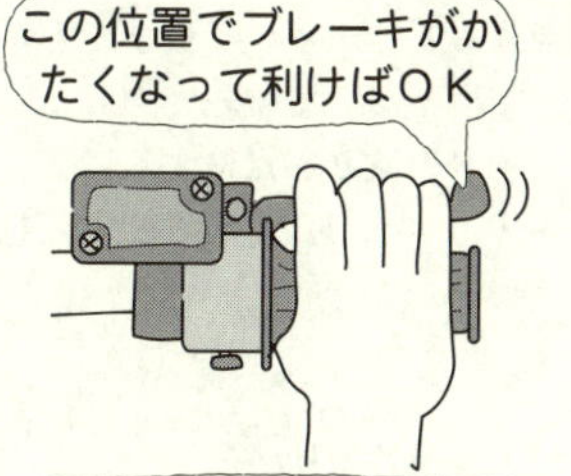
この位置でブレーキがかたくなって利けばＯＫ

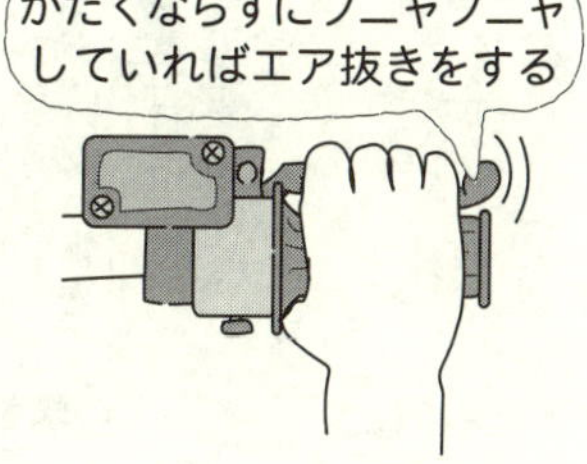
かたくならずにフニャフニャしていればエア抜きをする

新オイルは透明
古いオイルは色がついている
空き缶

ブレーキパッドは消耗品

車輪と一緒に回るディスクの両側を、パッドではさんで止めるのがディスクブレーキです。ディスクブレーキのパッドは消耗品です。パッドが減りすぎると基盤の鉄板だけとなり、ブレーキを使うたびに鉄板が直接ディスク板をこすることになります。当然ブレーキは利かなくなりますが、ディスク板が鉄板で削《けず》れると、ディスク板までも新品交換となります。

パッドの減りを点検するには、キャリパにある点検窓から見る、ディスクをのぞくなどいろいろな形式があります。パッドに切り込みや線が入っていて、切り込みや線が消えていれば使用限度を超えています。そういう目印のないパッドは、厚さ2mm以下は交換です。

初めは経験者に教えてもらいながらやってください。命を預けるブレーキなので、自信がつくまではバイク店にお願いし、やり方を覚えてから挑戦してください。

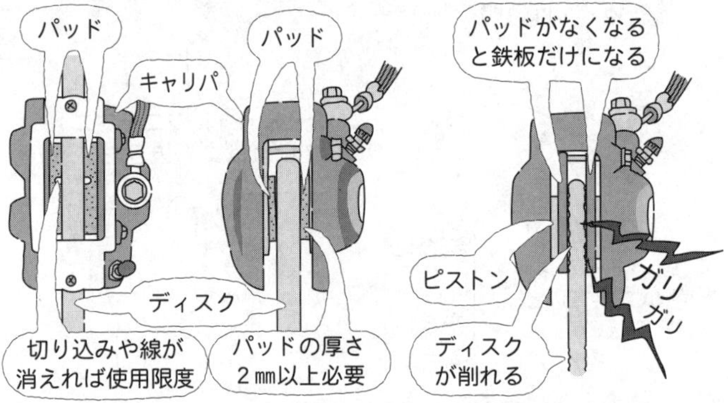
パッド
キャリパ
パッド
ディスク
切り込みや線が
消えれば使用限度
パッドの厚さ
2㎜以上必要
パッドがなくなる
と鉄板だけになる
ピストン
ディスク
が削れる
ガリ
ガリ

キャリパを取る

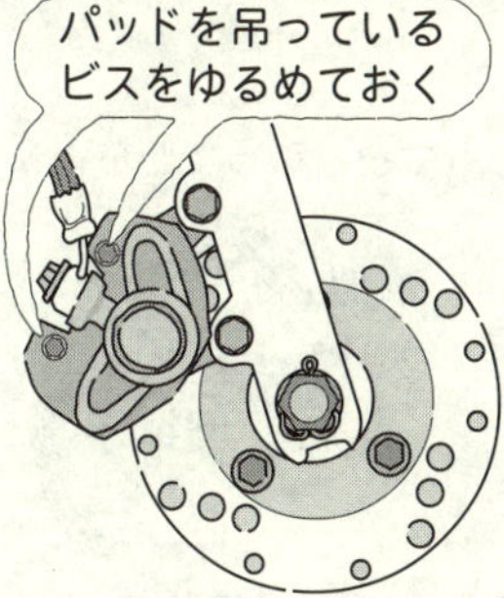
パッドを吊っている
ビスをゆるめておく

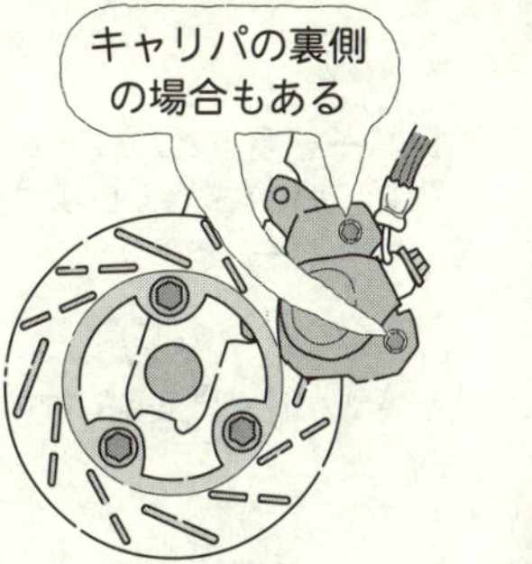
キャリパの裏側
の場合もある

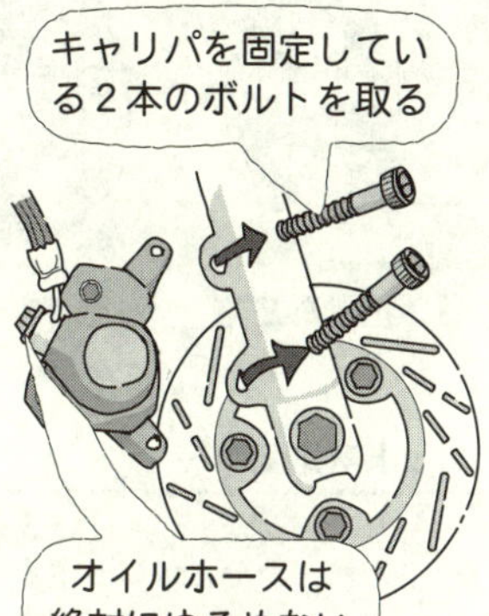
キャリパを固定してい
る２本のボルトを取る
オイルホースは
絶対にゆるめない

パッド交換の方法は、メーカーや車種によっていろいろあります。パッドだけが取れる形式もありますが、スクータークラスはキャリパをはずしてからの交換が大部分です。
キャリパをはずす前に、パッドを吊《つ》り下げている２本のビスをゆるめておきます。これはかなりかたく締まっていて、ブラブラしたキャリパだとゆるめにくくなるからです。
キャリパをはずしたら、絶対にブレーキレバー、ブレーキペダルに触らないこと。レバーを握ったりすると、オイルで押されたピストンとパッドが飛び出して、パッド同士がピタッと合わさってしまいます。パッドがない状態でピストンが飛び出すと、ベテランでないと対処できず、それから先はプロの仕事になります。

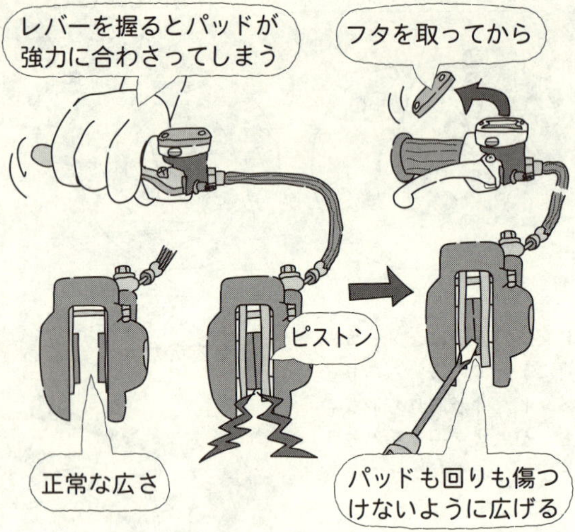
レバーを握るとパッドが
強力に合わさってしまう
フタを取ってから
ピストン
正常な広さ
パッドも回りも傷つ
けないように広げる

パッドを取る

パッドが減った分だけパッドを押しているピストンが出ています。この状態で新品のパッドを入れても、パッド同士の幅が狭くなっていてディスク板に入りません。減ったパッドの間にドライバーを入れてこじあけ、強引にピストンを押し戻し、幅を最大限に広げます。

キャリパをはずす前にゆるめておいたビスを取ると、ビスにぶら下がっていたパッドは取れます。板スプリングなども取れるので、位置や裏表などメモしておきます。

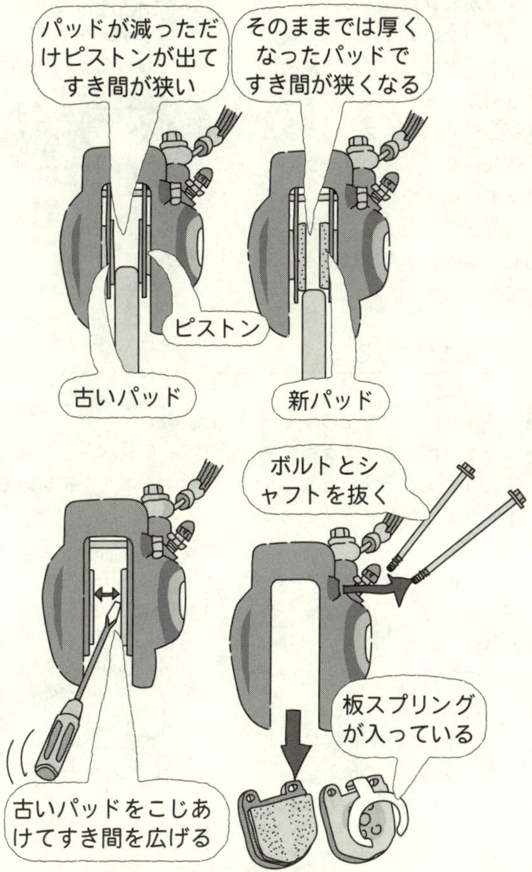
パッドが減っただけピストンが出てすき間が狭い
そのままでは厚くなったパッドですき間が狭くなる
ピストン
古いパッド
新パッド
ボルトとシャフトを抜く
板スプリングが入っている
古いパッドをこじあけてすき間を広げる

新品のパッドをつける

パッドが取れたら、ピストンに傷がつかないように注意しながら、ボロ布でキャリパ内部の汚《よご》れを掃除します。
メモどおりに板スプリングなどを新品のパッドに組んでから、パッドに油がつかないように組み込みます。パッドにボルトを通して組み、ボルトは仮止めにしておきます。

ボルトを通して
新パッドを組む

キャリパをつける

組み込んだパッド同士のすき間が十分あれば、ディスク板に簡単に入りますが、狭くて入らないこともよくあります。このとき新パッドのすき間にドライバーなどを入れてこじると、パッド面を傷つけてしまいます。狭いときは、もう一度古いパッドに換えてから、すき間を広げます。
キャリパがディスク板に入れば、キャリパを本締めし、パッドを吊っているボルトを本締めします。
ブレーキレバーを握り、完全に作動することを確かめてから、

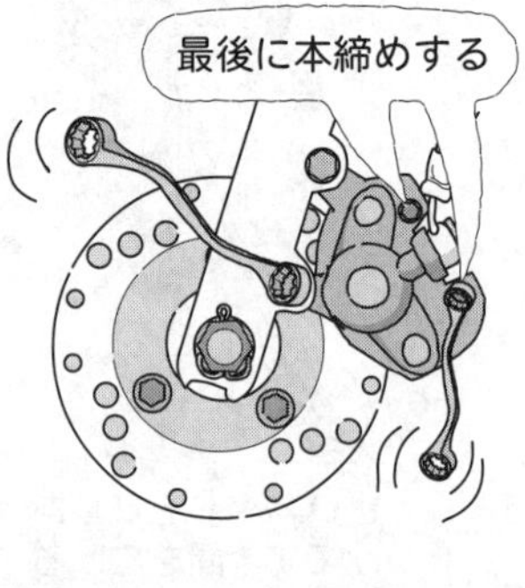
最後に本締めする

ゆっくりと走ってブレーキの利きを確認します。

気軽にやらないこと

自分でパッド交換をして、気持ちよく走っていたのに、急にディスクブレーキがロックして転倒したり、突然ブレーキが利かなくなったりといった、惨事《さんじ》寸前の例を何度も見ています。オイルで動くディスクブレーキは微妙なところがあり、小さなミスでも大きなダメージになります。

くどいようですが命を預けるブレーキなので、軽い気持ちで扱わないように。自信がつくまではバイク店で交換してください。

ブレーキのオーバーホール

❷ドラムブレーキの場合

大部分のバイクやスクーターには、ワイヤーで動かすドラムブレーキが使われています。ドラムブレーキはブレーキシューとドラムの摩《ま》擦《さつ》で制動しますが、このシューは消耗品です。ブレーキレバーを握ると、レバーがグリップに当たりそうになり、ワイヤーの調整ナットも締められなくなったら、即、ブレーキシューは新品交換です。

ブレーキシューの交換時期

ブレーキシューの交換時期を知るための、目で見てわかるインジケーターがついている車種もあります。命を預ける大事なブレーキなので、ギリギリ限界までシューを使わないで、まだ余裕のあるうちに交換します。

ブレーキがバッチリ利いて感激する作業ですし、シューの値段は安いので、教えてもらいながら、ぜひ挑戦してください。

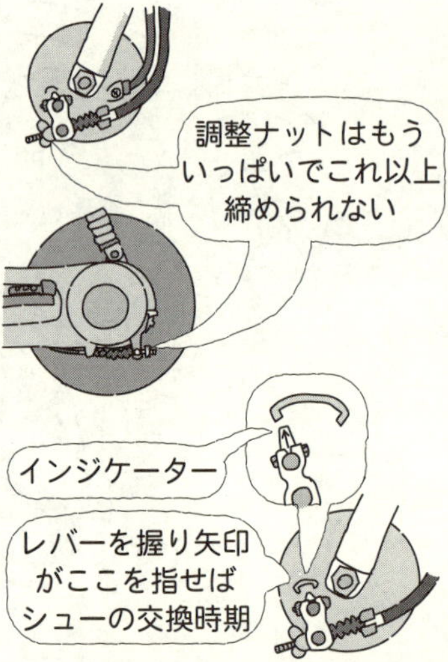
調整ナットはもういっぱいでこれ以上締められない
インジケーター
レバーを握り矢印がここを指せばシューの交換時期

用意するもの

バイク店にブレーキシューを注文します。車種や年式によってそれぞれ違うので、バイクに乗っていくのがベストです。グリスとボロ布、サンドペーパーは粗《あら》く磨《みが》く200番前後と、仕上げの700番が必要です。

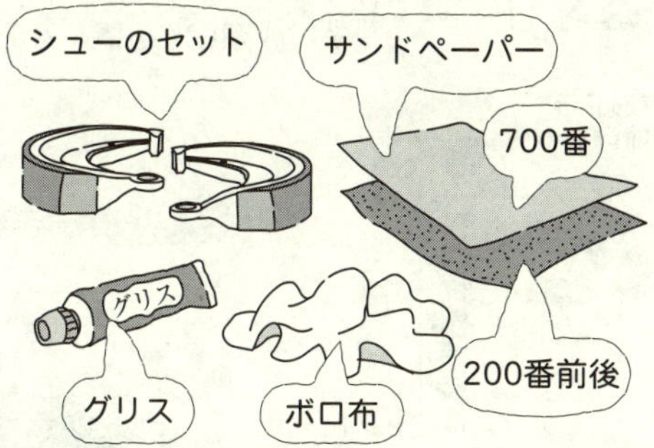
シューのセット
サンドペーパー
700番
グリス
グリス
ボロ布
200番前後

前輪をはずす

ブレーキシューは車輪の中に隠れているので、まず車輪をはずします。メインスタンドを立ててから、ブレーキワイヤー、ス

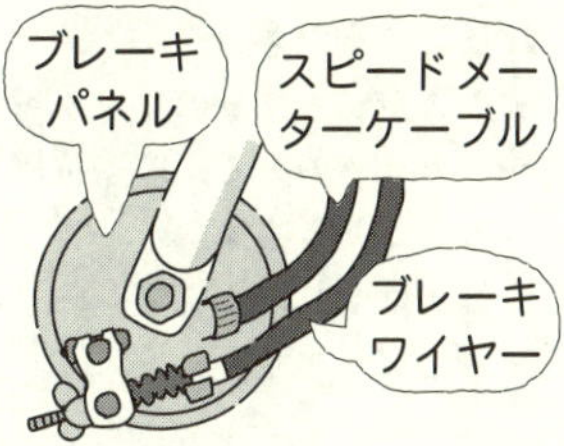
ブレーキ
パネル
スピードメーターケーブル
ブレーキ
ワイヤー

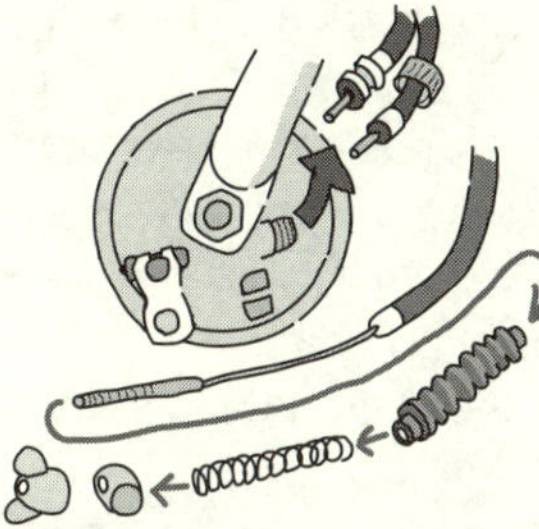

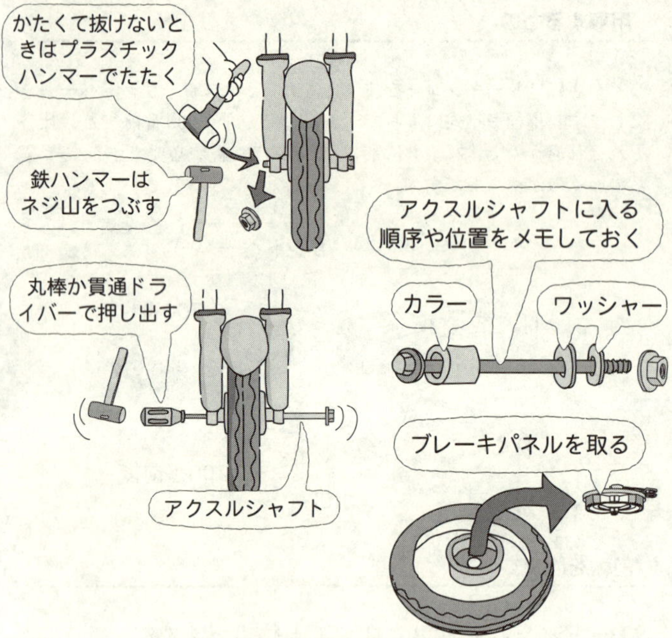
かたくて抜けないときはプラスチックハンマーでたたく
鉄ハンマーはネジ山をつぶす
丸棒か貫通ドライバーで押し出す
アクスルシャフト
アクスルシャフトに入る順序や位置をメモしておく
カラー
ワッシャー
ブレーキパネルを取る

ピードメーターケーブルをはずし、アクスルナットを抜きます。
スピードメーターケーブルはナットやクリップで止める形式が多く、クリップはラジオペンチなどで取ります。アクスルシャフトを抜くと同時に前輪が落ち、重量バランスがくずれて、急にフロントが持ち上がるので注意してください。
アクスルシャフトのワッシャーや、カラーの入る順序や位置をメモしておきます。
車輪がはずれたら、ブレーキパネルを取ります。

後輪をはずす

バイクでは、ブレーキロッドをはずし、ブレーキパネル側のトルクロッドをはずしてから、アクスルシャフトを抜きます。チェーンは後輪を落としてからはずします。
スクーターは、まずマフラーをはずします。次に後輪ブレーキレバーをしっかり握り、後輪を固定しながらアクスルナットをゆるめて取ります。アクスルナットが取れたら、後輪を引き抜くと、ブレーキシューはエンジン側に残ります。

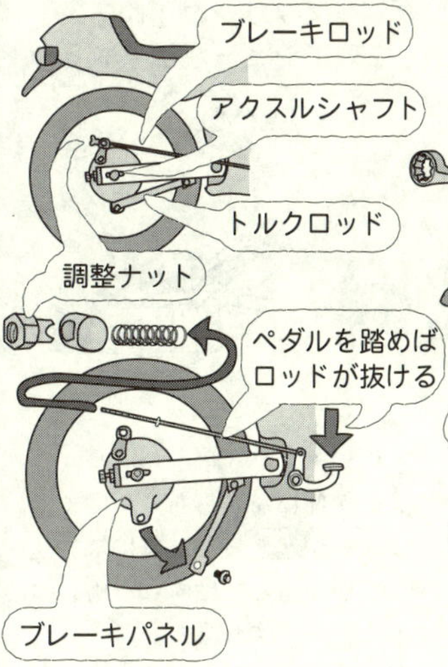
ブレーキロッド
アクスルシャフト
トルクロッド
調整ナット
ペダルを踏めば
ロッドが抜ける
ブレーキパネル

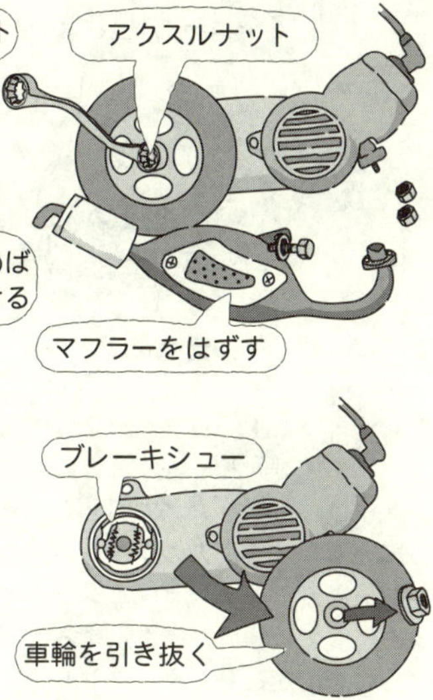
アクスルナット
マフラーをはずす
ブレーキシュー
車輪を引き抜く

シューをはずす

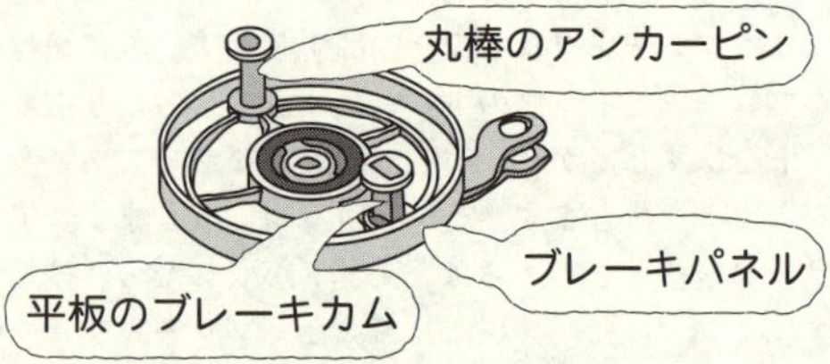
丸棒のアンカーピン
ブレーキパネル
平板のブレーキカム

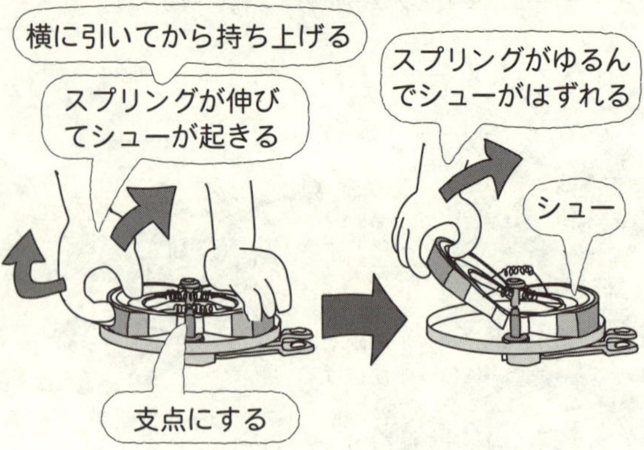
横に引いてから持ち上げる
スプリングが伸びてシューが起きる
スプリングがゆるんでシューがはずれる
シュー
支点にする

ブレーキパネルからシューをはずします。対向している2つのシューは、スプリングで引き合っているので、片方のシューをブレーキカムとアンカーピンを支点にして、強引に持ち上げるようにして起こします。スプリングが伸びながらある角度までシューが起きると、急にスプリングがゆるんではずれ、両方のシューがはずれます。

U《ユー》字形のスプリングで止めてあるシューの場合は、ブレーキアームを回してシューを広げながら、ドライバーなどでU字スプリングを起こせばスプリングが取れて、シューがはずれます。

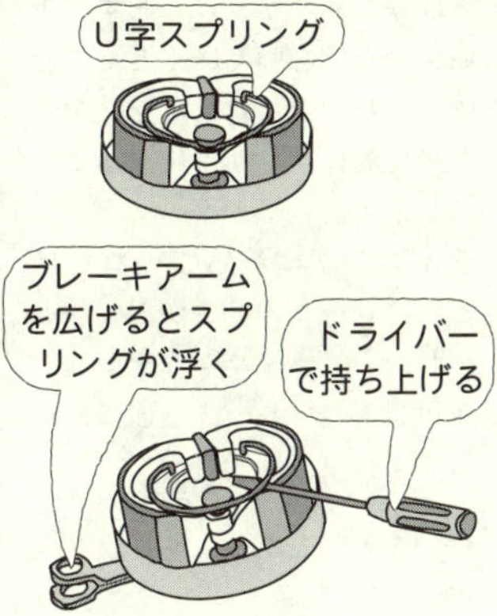
U字スプリング
ブレーキアームを広げるとスプリングが浮く
ドライバーで持ち上げる

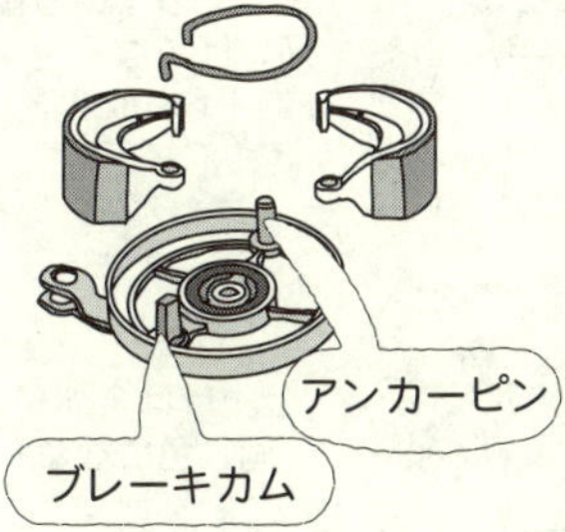
アンカーピン
ブレーキカム

シューを磨く

新品のシューは、ライニング表面全体を細かな傷がつく程度に粗《あら》目《め》のサンドペーパーで軽く磨きます。ライニングの角《かど》を丸く面《めん》取《と》りをするように磨いて、ブレーキの鳴きを予防します。
ライニングの厚さが2 mm以下なら新品交換ですが、まだ使える厚さなら、ライニング表面を磨くことで再使用できます。使用中のライニングは、黒くピカ

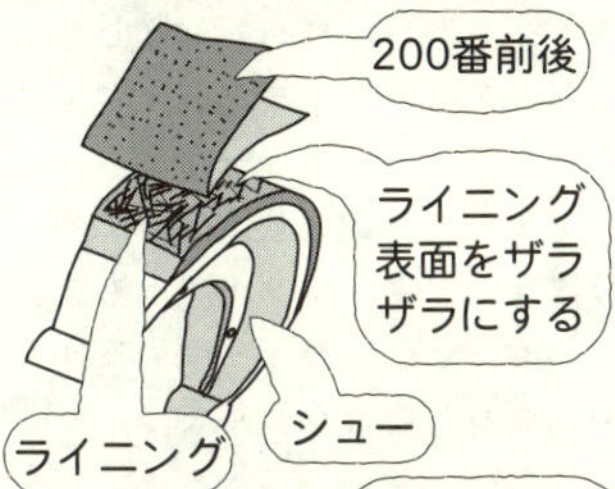
200番前後
ライニング表面をザラザラにする
シュー
ライニング

ライニング
シュー
面取りをして角を丸くする

黒く光っている個
所だけでなく全体
を平均的に磨く

仕上げは全体が
同じ色になる

ピカに光っていますが、この表面を粗目のサンドペーパーで削り取り、ザラザラにします。黒い部分だけを強く磨くとそこだけが凹《へこ》むので、ライニング全体が平均的にザラザラになるようにします。

ライニングは減っていないけど、ブレーキの利きが悪いなと感じたら、ライニングを磨くと新車なみのブレーキ性能に回復します。

グリスを塗る

黒い粉などで汚れているブレーキパネルを、ボロ布で掃除してから、スピードメーターギヤやダストシール、ブレーキカム、アンカーピンにグリスを薄く塗ります。アクスルシャフトも粗目のサンドペーパーで磨いてから、グリスを薄く塗ります。

グリスが多すぎると、流れ出してライニングについたりします。こうなると完全にブレーキは利かなくなり、大変危険なので、はみ出したグリスは完全にふき取ります。作業中もライニングにオイル類がつかないように注意してください。

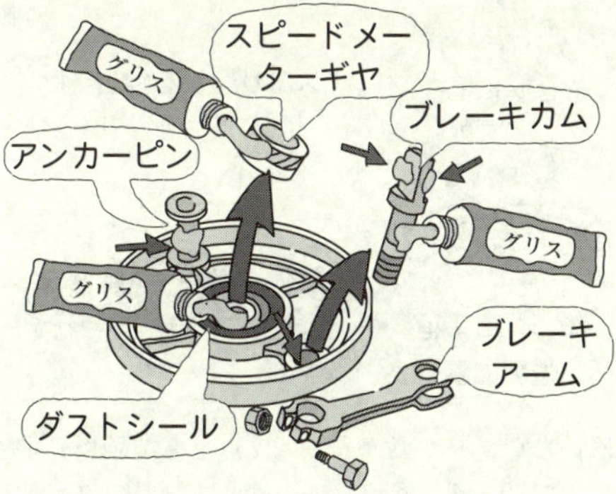
スピードメーターギヤ
グリス
ブレーキカム
アンカーピン
グリス
グリス
ブレーキアーム
ダストシール

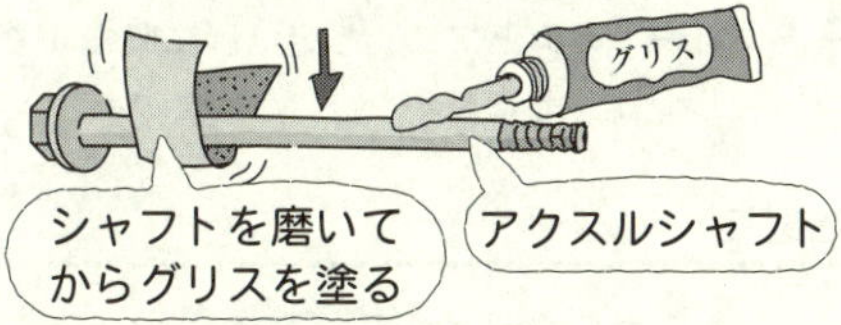
グリス
シャフトを磨いてからグリスを塗る
アクスルシャフト

シューをパネルに組む

シューの取り付けは、２個のシューを元のようにスプリングでつなぎ、片方のシューを定位置に置きます。

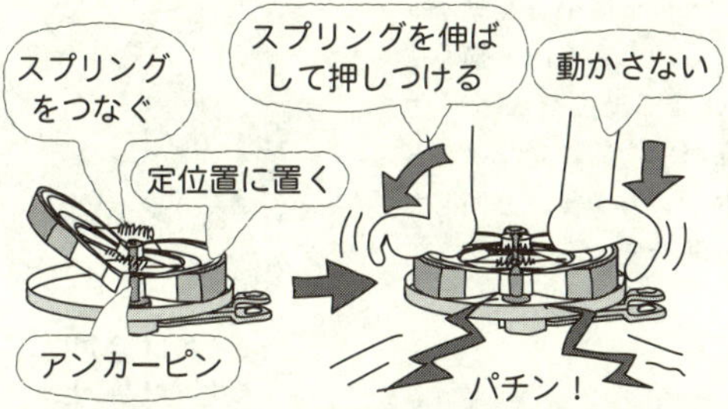
スプリングをつなぐ
スプリングを伸ばして押しつける
動かさない
定位置に置く
アンカーピン
パチン！

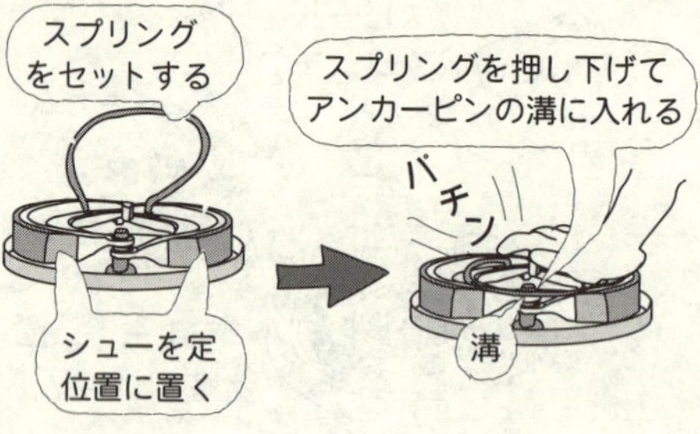

定位置に置いたシューが動かないように片手で押さえ、もう片方のシューをブレーキカムとアンカーピンに押しつけ、そこを支点として強引に押さえつければ、スプリングが伸びてパチンと定位置に収まります。

ドラムを磨く

車輪側のブレーキドラムの内側も磨きます。鉄粉などの汚れをふいてから、粗目のサンドペーパーで平均的に軽く磨き、仕上げは700番で磨きます。
サンドペーパーは小さく動かすのではなく、大きく円を描くように動かしてまんべんなく磨き、内部が平均的に光ればＯＫです。ドラムもシューと同じでオイルは厳禁です。

車輪を組む

元どおりにブレーキパネルをブレーキドラムに入れて、車輪を組めばいいのですが、スピードメーターケーブルを取り付けるときは注意します。
このケーブルの先は四角形で、差し込む先も同じ形なので、両方がうまく合わないと入りません。ケーブルを差し込んだら前輪を手で回し、スピードメーターの針が動くことを確認してから固定します。針が動かないときは、再度ケーブルを差し換えてください。

ケーブルの
先は四角形
差し込む先も四角形
前輪を回してメーター
が動くことを確認する

ブレーキ調整は忘れずに

これがいちばん大事なことですが、組み上がったら必ずブレーキ調整をします。ブレーキ調整ナットをゆるめたり締めたりして、ブレーキレバーやペダルを好みの位置でブレーキが利くようにします。どんな場合でも、レバーやペダルの遊びを必ずつくります。

実際に走ってブレーキの利き具合を確かめ、自分の好みの位置に再調整をすれば、シューの交換は完了です。

ケーブルワイヤー類の点検・交換

ブレーキ、クラッチ、アクセル、オイルポンプなどには、ケーブルワイヤーが使われています。乗っているうちに、あるいは長期間乗らずに放置すると、ケーブル内のワイヤーがサビて動きが重くなります。ひどい場合はサビで固まって動かないこともあります。
アクセルやレバーが重くなったら軽くする整備をし、重傷ならケーブルワイヤーを交換しましょう。

ケーブルワイヤーの点検

ケーブルワイヤーは消耗品です。点検するときはレバーや調整ナットからケーブルワイヤーをはずして、ワイヤーをフリーの状態にしてから、ワイヤーを動かします。
新品なら抵抗もなくスムーズに動きます。内部がサビたり汚れたりしていると、引っかかったり、力を入れないと動きません。少し重いくらいとか少し引っかかる状態なら、ケーブル内部に強引に注油する器具がバイク店にあります。
ケーブル片側から潤滑浸透スプ

レーを吹き入れ、反対側から吹き出せば新品状態に戻ります。

この後にオイルを注入すれば、効果は長持ちします。

ケーブルワイヤーの交換

ケーブルワイヤー交換の手順は、レバー側に調整ナットがあれば、ゆるめるためにいっぱいに締め込みます。ブレーキ系は調整ナットをゆるめて取り、ブレーキロッドをフリーにすれば簡単にレバーからワイヤーがはずれます。

ワイヤーの片方が簡単にはずれない形式は、つながっている片方の調整ナットもゆるむ方向にいっぱいにゆるめて、はずす準備完了です。

このあと、片手でレバーをいっ

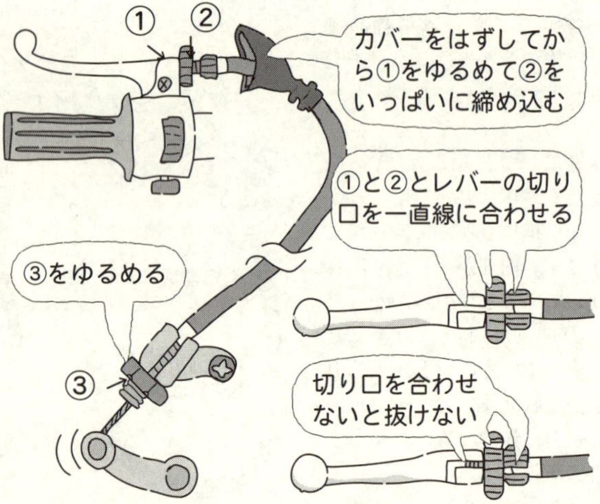
①
②
カバーをはずしてから①をゆるめて②をいっぱいに締め込む
①と②とレバーの切り口を一直線に合わせる
③をゆるめる
③
切り口を合わせないと抜けない

ぱいに握り、握った手をパッと離すと同時に、片手で持ったケーブルワイヤーをすばやく引くと、ケーブルワイヤーはレバーからはずれます。このタイミングが大事です。

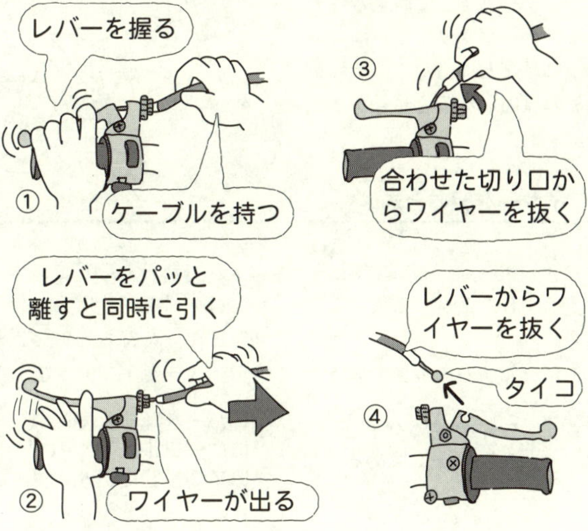

①
レバーを握る
ケーブルを持つ
②
レバーをパッと離すと同時に引く
ワイヤーが出る
③
合わせた切り口からワイヤーを抜く
④
レバーからワイヤーを抜く
タイコ

ワイヤーの通り道は変えない

ケーブルワイヤーをフレームから抜くときは、どこをどのように通っているかをメモします。

交換で大切なことは、ケーブルワイヤーの通り道を勝手に変えないことです。すべて元の位置にメモで確認しながら忠実に通すこと。

すき間を通すのがめんどうだからと勝手に通り道を変えると、ハンドルを切るとブレーキが利いたり、エンジンの回転が変わってしまいます。ケーブルワイヤーを極端に曲げて通すと、抵抗が増えて重くなります。
また、ブラブラして固定されていないケーブルワイヤーは、走行中に足などに当たり、それが事故の原因になる危険もあります。

ケーブルワイヤーは元どおりの場所と位置に通す

ワイヤーを組むときは

ワイヤーをレバーに組むときは、はずしたときの逆順になります。
ワイヤー先端のタイコをレバーに入れてから、片手でレバーをいっぱいに握り、片手でケーブルワイヤーを持ちます。ケーブルワイヤーを手で引きながら、

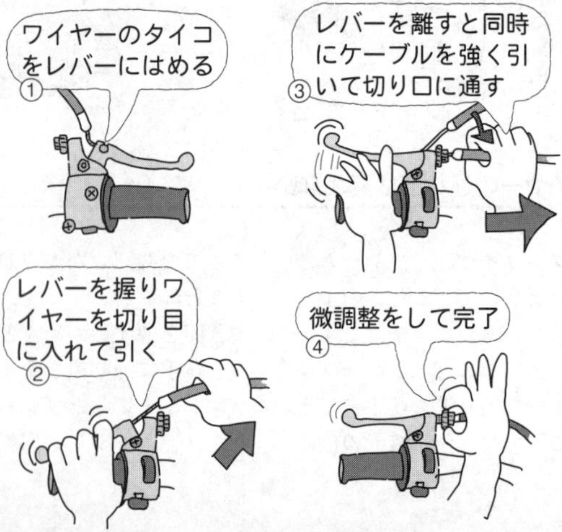
①ワイヤーのタイコをレバーにはめる
②レバーを握りワイヤーを切り目に入れて引く
③レバーを離すと同時にケーブルを強く引いて切り口に通す
④微調整をして完了

パッとレバーの手を離すと同時に、さらにケーブルワイヤーを引きます。そのままレバー調整ナットのすき間に、強引にワイヤーを通してしまいます。
あとは微調整をしてケーブルワイヤーの取り付けは完了です。

スクーターのブレーキワイヤー交換

全体がカバーされているスクーターは、レバーが露出するようにカバーを取ることから始めます。ブレーキワイヤーの通り道は隠れている部分が多くて、気軽に抜いてしまうとわからなくなりますし、わかっていても狭い場所で通すことができなくなります。
スクーターに限らず、ワイヤーの通り道が複雑で狭いときは、新品ケーブルワイヤーと古いワイヤーを針金《はりがね》などで結合させてから、古いワイヤーを引き抜き

カバーをはずすと
レバーが露出する
ワイヤー
をはずす
ケーブル止め
をゆるめる
ブレーキアームか
らワイヤーを抜く

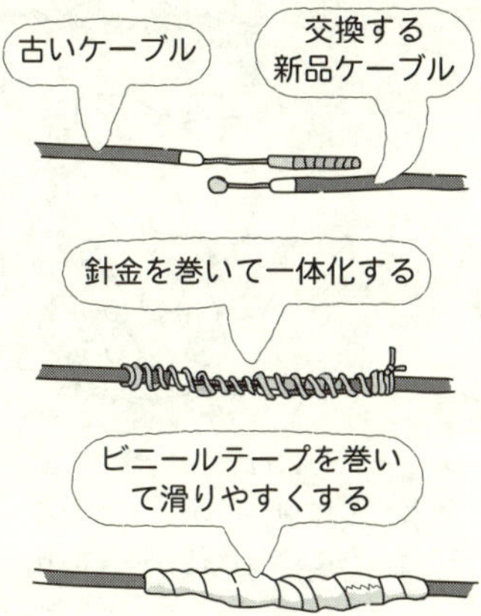
古いケーブル
交換する
新品ケーブル
針金を巻いて一体化する
ビニールテープを巻い
て滑りやすくする

ます。
古いワイヤーを引き抜くと、それにつながった新しいワイヤーも引かれて、同じ場所を通ります。完全に通してから結合部をほどけば、新品ケーブルワイヤーがセットされます。

ケーブルをつないで準備完了

古いケーブルを引き抜くと新ケーブルが同じ位置にセットされる

スクーターには、ワイヤーが配線とともに何ヵ所かフレームに固定されている機種も多くあります。この場合は前面カバーを取って、ワイヤーを露出させ、通り道を確認して交換します。

マフラーの点検と掃除

4《フォー》サイクル車はあまり気にしなくていいのですが、2《ツー》サイクル車、とくにスクーターに多いのがマフラーの詰まりです。エンジンから排出されるカーボンは、走り方でも違いますが、エンジン排気口やマフラー内部に少しずつたまって固着し、排気の流れを邪魔《じゃま》して馬《ば》力《りき》が落ちます。メーカー指定の2サイクル純正エンジンオイルは、カーボンのつき方が少ないようです。

排気音が静かになったら

2～3年走り続けたスクーターで、別に不調は感じないが、新車のときと比べると排気音が静かになり、なんとなく加速も悪くスピードも出なくなったと感じたら、マフラーの詰まりを疑ってみましょう。

オートバイならマフラーが詰ま

前はもっと音が
大きかったな？
排気音が静
かになった
煙の出方が弱くなった

っても、サイレンサーの交換が可能ですが、スクーターの完全密閉型のマフラーは、内部にカーボンが詰まると掃除をする手段がなくて、新品交換になります。

マフラーをはずす

マフラーは3～4本のボルト類だけで簡単に取れるようになっていますが、エンジン排気口のボルトやナットに問題があることがあります。このボルトは排気の高温にさらされていて、熱でかなり材質が弱っている場合が多いのです。少しかたいかなと思って強引に回すと頭をナメたり、最悪の場合はボルトが途中でねじ切れたりします。

これを予防するために、マフラーをはずす前にたっぷりと潤滑浸透スプレーを吹きつけて、ネジ類をゆるみやすくしておきます。少しでもネジがかたいと思ったら、スプレーを繰り返し吹いてゆるむのを待ちます。

1ヵ所のネジだけを先にユルユルにするのではなく、マフラーを固定しているネジすべてを1回転ぐらいゆるめてから、さらに2回転ほどゆるめ、それからネジを抜きます。

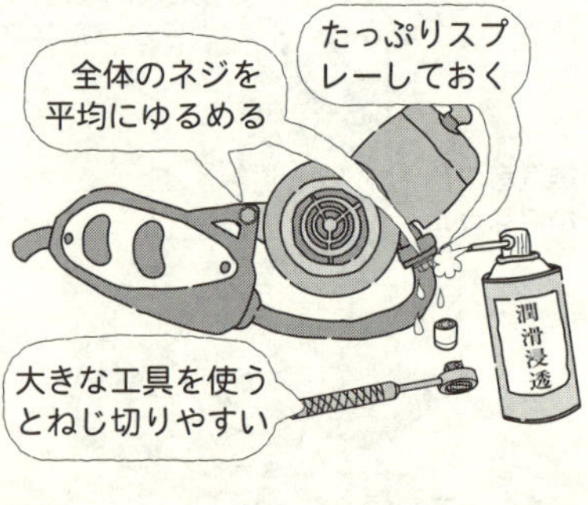
全体のネジを平均にゆるめる
たっぷりスプレーしておく
大きな工具を使うとねじ切りやすい
潤滑浸透

排気口をチェックする

マフラーが取れたらエンジンの排気口を見ます。真っ黒なカーボンが厚く詰まって、排気口が狭くなっていると思います。
スクーターの排気口は低い位置にあり、とてもやりにくいのですが、マイナスドライバーなどでカーボンを削り取ります。
ピストンを傷つけないよう排気口の奥にボロ布を押し込んで、エンジン内にカーボンを落とさないように注意して取ります。

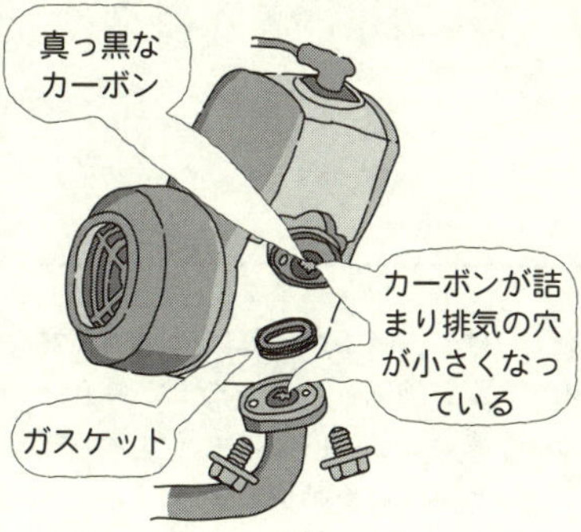
真っ黒なカーボン
カーボンが詰まり排気の穴が小さくなっている
ガスケット

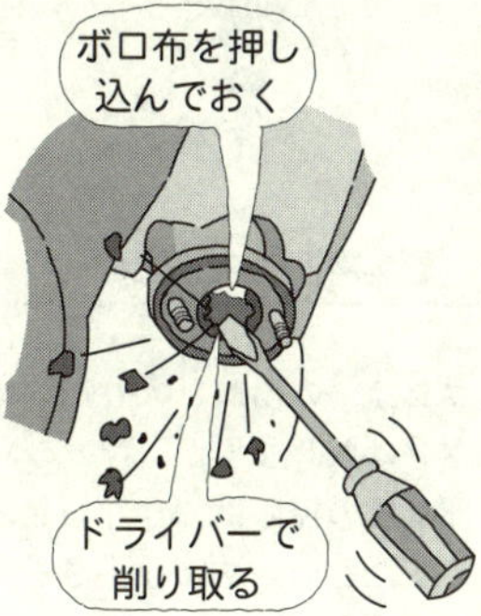
ボロ布を押し込んでおく
ドライバーで削り取る

マフラーの掃除

マフラーの掃除といっても、掃除できるのはエキゾーストのパイプ部分だけです。
カーボンをドライバーで削り取るのは同じです。ドライバーの届かない奥のほうは、外側からハンマーでたたいてショックを与え、カーボンをはがして落とします。
たき火の中にマフラーを入れ

ハンマーで
軽くたたく
ドライバー
で削る

て、カーボンを焼く方法もありますが、熱で塗装もメッキも燃えてしまい、そのあとはすぐにサビが出るので、あまり実用的ではありません。

複雑構造のマフラーは

マフラーの出口と入り口のカーボンは取れますが、マフラー内部だけの掃除はできないと思ってください。あんな小さなマフラーですが、ただの箱ではなくて、内部はすごく複雑な構造になっています。

カーボンを取ったマフラーをつけて、調子が戻ればいいのですが、排気音も弱いままで調子が悪いときは内部にカーボンがたまっている証拠です。

マフラー内部にカーボンが詰まれば、新品交換となります。

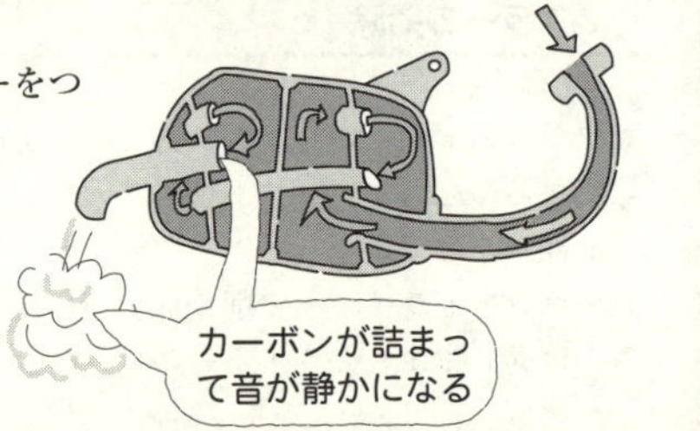
カーボンが詰まっ
て音が静かになる

マフラーを組む

マフラーを組むときも、まず全体の取り付けボルト類を平均に仮止めしてから、排気口のボルト2個を本締めします。仮止めは絶対に必要で、先に排気口のボルトだけを締めたり、マフラー本体を固定してから排気口を締めると、排気もれを起こします。

このカーボン落としをやって、カーボンの詰まりが不調の原因だったら、排気音も大きくなり、びっくりするほどエンジンの調子が上がります。

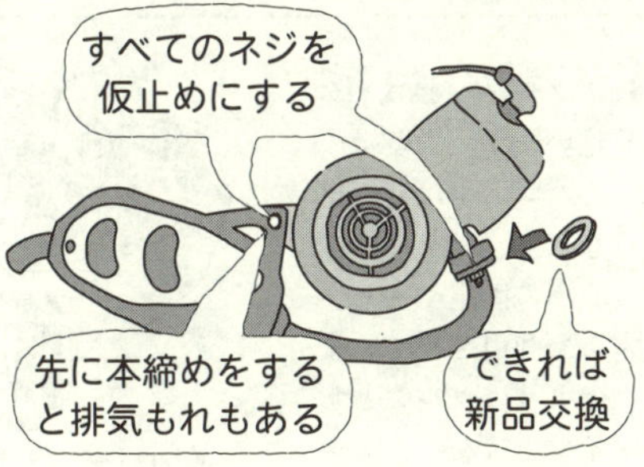
すべてのネジを仮止めにする
先に本締めをすると排気もれもある
できれば新品交換

排気もれがないことを確認すること
排気音やにおいがある

ハンドルの交換

ハンドルには個性的な形がありますが、カバーに隠れて見えないスクーターは複雑な形をしています。バイクには1本のパイプだけと、フロントフォークが左右２本に分かれたセパレート型があります。同じタイプのハンドルに交換するのは難しい作業ではありません。

スクーターのハンドル

ハンドルはスクーターとバイクでは大きく違います。大多数のスクーターのハンドルは自転車と同じような形で、カバーの中に隠れ、カバーの固定やメーター類の固定にも利用されています。バイクのようにツルンとした１本のパイプではなく、ステーが複雑に何本も出ています。転倒してハンドルが曲がってしまい交換というときも、ステーの位置などの関係でその車種専用のハンドルでないとつきません。ステーを部品に合わせて固定していけば、自動的にハンドルはガッチリついて、間違いなく交換できます。

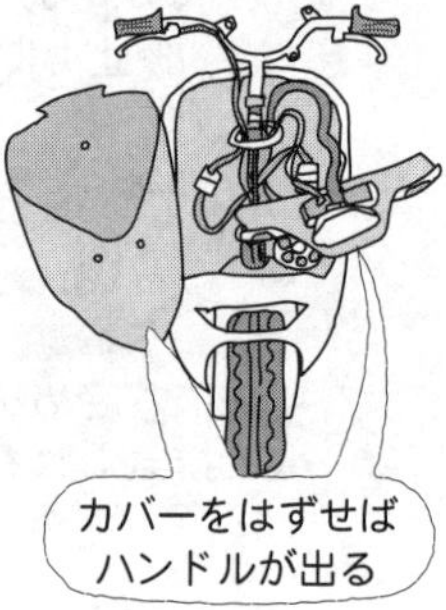
カバーをはずせば
ハンドルが出る

簡単にはずれ
る構造が多い

同じようなハンドルを選んで

バイクのハンドルは1本のパイプなので、好きな形のハンドルと交換ができます。セパレート型もフロントフォークの径《けい》が合えば簡単です。

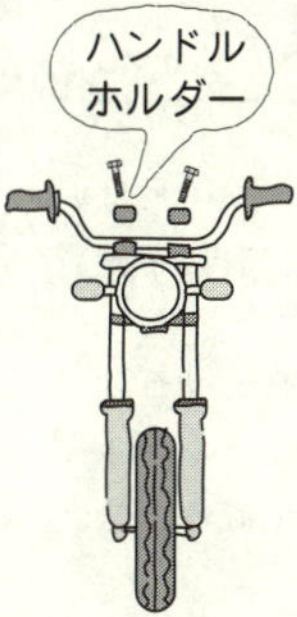
ハンドル
ホルダー

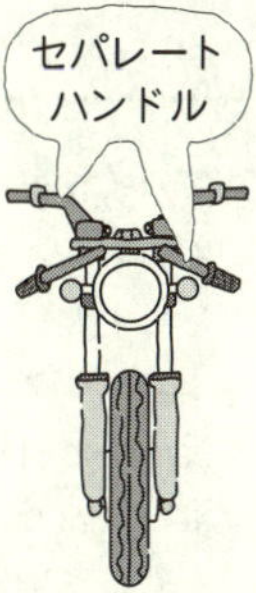
セパレート
ハンドル

今ついているハンドルと、同じような長さ、高さ、幅ならば交換は簡単です。でも長さ、高さ、幅が大きく違うと、ハンドル本体の交換は簡単ですが、配線、ワイヤー類、ブレーキホースなどが新ハンドルに対して短くなったり長すぎたりして、対策はかなり複雑になります。

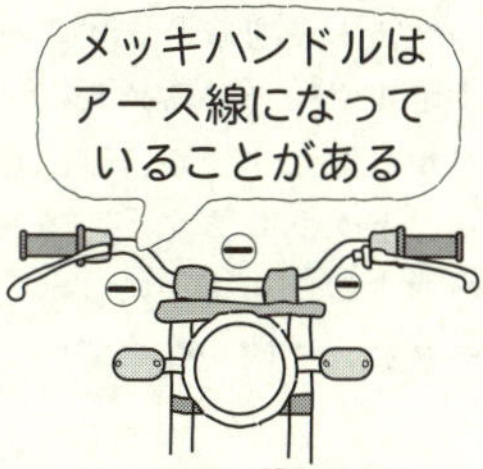
メッキハンドルは
アース線になって
いることがある

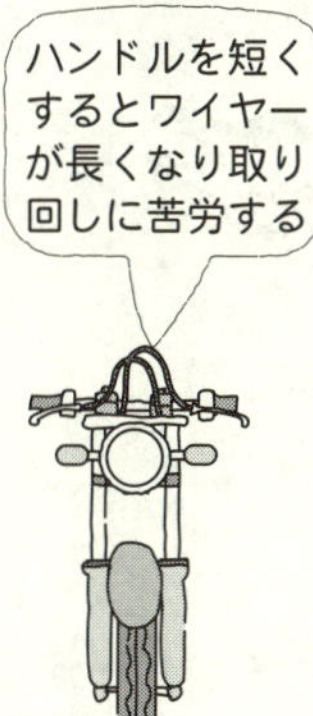
ハンドルを短く
するとワイヤー
が長くなり取り
回しに苦労する

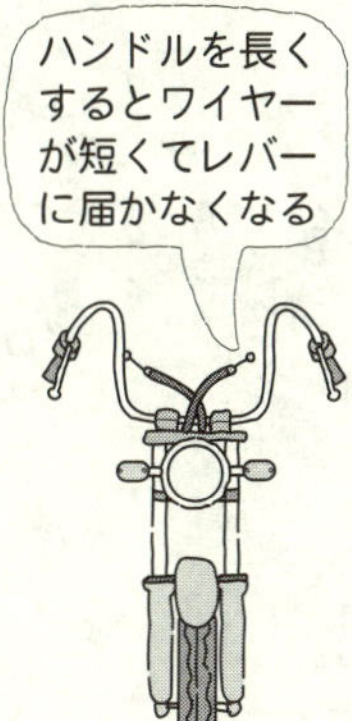
ハンドルを長く
するとワイヤー
が短くてレバー
に届かなくなる

ホルダーに当たる
部分の塗装を少し
はがせば導通する
ガリガリ
塗装ハンドル

金属メッキされたハンドルから全塗装のハンドルに換えると、電気系の問題も出てきます。電気が通る金属メッキではマイナス線として利用されていることも多く、塗装で絶縁され電気を通さないハンドルに換えると、スイッチ類が作動しなくなることもあります。
この場合は別にアース線を引いたり、ハンドル固定部分の塗装を削り取ってフレームの金属と接触させます。

ポンチマークの有無

ハンドルをはずす前に、バックミラーやアクセルグリップ、左右のホルダーを取ります。ハンドルホルダーをゆるめれば、ハンドルは取れますが、確認しておくことがあります。ハンドルとハンドルホルダーに、ポンチマークなどの印がついている車種があります。マークの形はいろいろありますが、有無を確認します。
このマーク同士を合わせれば、新車時と同じ位置にハンドルを組めるので、印の位置などを覚えておきます。

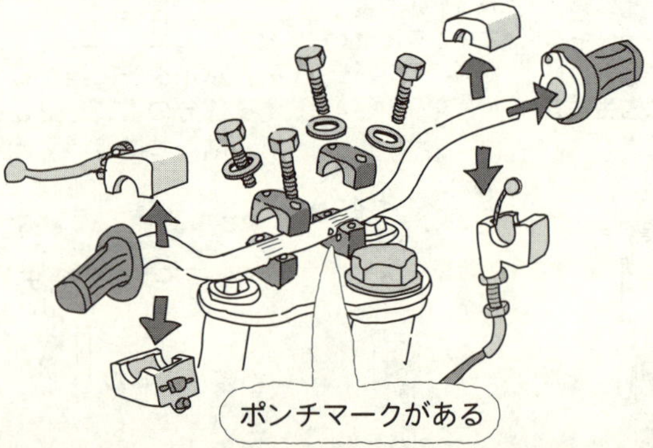

グリップを交換する

ハンドルがはずれても左側のゴムグリップはついたままです。このグリップはハンドルに密着しています。新品交換ならカッターナイフなどで切り取ります。
新ハンドルに再使用するなら、グリップを傷つけないように抜くこと。潤滑浸透スプレーをグリップとハンドルのすき間から吹き込みます。潤滑液が入ってゆるくなった部分を回すように動かし、潤滑浸透スプレーを吹き込みながらすき間を広げていくと、最後はスポッとグリップは抜けます。
グリップを組むときは、ハンドルをフレームに組んでからにします。ハンドルとグリップを水でぬらし、グリップをハンドル

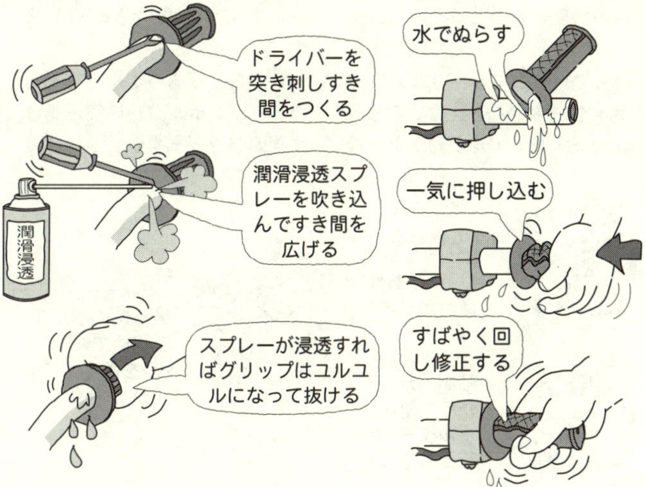
ドライバーを突き刺しすき間をつくる
潤滑浸透
潤滑浸透スプレーを吹き込んですき間を広げる
スプレーが浸透すればグリップはユルユルになって抜ける
水でぬらす
一気に押し込む
すばやく回し修正する

に押し込みます。この作業はすばやくやらないと乾いてグリップが途中で動かなくなるので、強引に回しながら押し込みます。
押し込んだら、これもすばやくグリップのねじれを直します。水を潤滑に使う場合はこれで完成、すぐにでも走り出せます。
潤滑浸透スプレーをハンドルとグリップに吹くと、スルッと簡単に入ります。でもグリップは数時間ヌルヌルのままなので、危険ですので、半日以上は乗れません。

ハンドルを組み付ける

ポンチマークがあるなら、印を合わせて組みます。でも自分好みの角度に合わせるために、マークの位置をずらして調整するのも悪いことではありません。
ホルダーのボルトを締めるときは、まずハンドルが動かない程度に均等に仮締めしてから、前側のボルトだけを上下のホルダーが密着するまで本締めします。
それから後ろ側のボルトを本締めします。ホルダーの後ろ側にすき間ができますが、前はぴっ

4本平均
に締める
マークがあれ
ば合わせる

前側のボルト
だけを締めて
ホルダー同士
を密着させる

後ろ側のボルト
を締めてハンド
ルを固定する

たり合って、後ろはすき間があるのが正しい組み方なのです。

元どおりにアクセルやホルダー類を組み付ければ完成です。

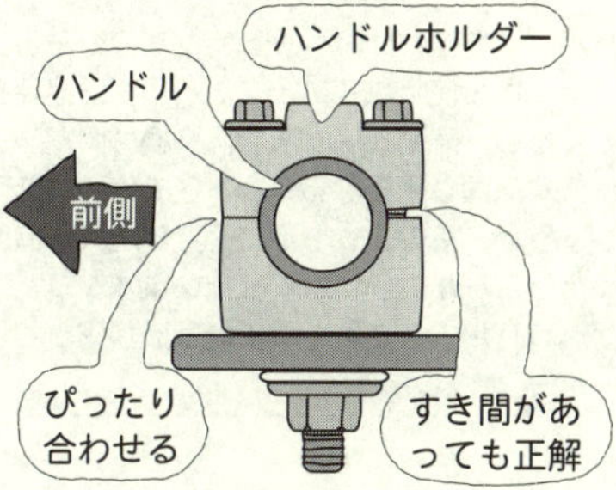
ハンドルホルダー
ハンドル
前側
ぴったり
合わせる
すき間があ
っても正解

もう少し手前
がいいかな…
自分に合う
角度に変える

バルブの交換

バルブ（電球）は、ヘッドランプやテールランプ、ウィンカーなどにたくさん使われています。バルブは消耗品で長い間には暗くなってくるし、寿命で切れます。交換は同電圧、同ワット数のものを選びます。同じ電圧ならワット数の大きいほうが明るくなると思うでしょうが、そのワット数に必要な電気が追いつかずに、逆に暗くなったり、バルブが切れてしまいます。ウィンカーも電圧やワット数が違うバルブを使うと、点滅回数が狂ってしまいます。

ヘッドランプのバルブ交換

ヘッドランプはレンズ部のビス１本を取れば、レンズ部だけが取れる簡単な構造になっています。レンズ部裏のゴムカバーをはずせば、バルブとソケットが一体となってはずれます。バルブはソケットに組まれていますが、バルブをソケットに押し込みながら、ゆるむ方向に少し回すだけでバルブは取れます。

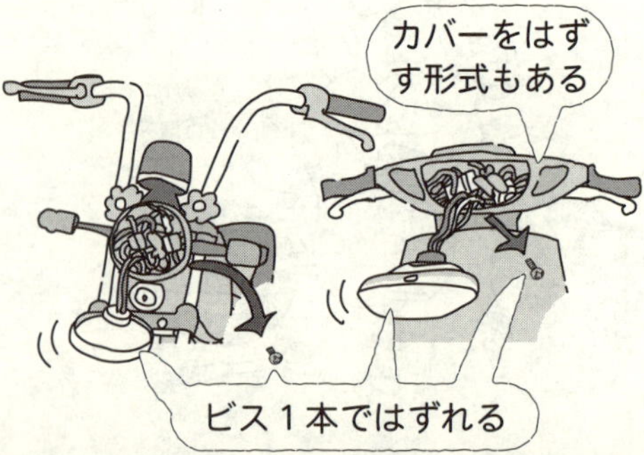
カバーをはずす形式もある
ビス１本ではずれる

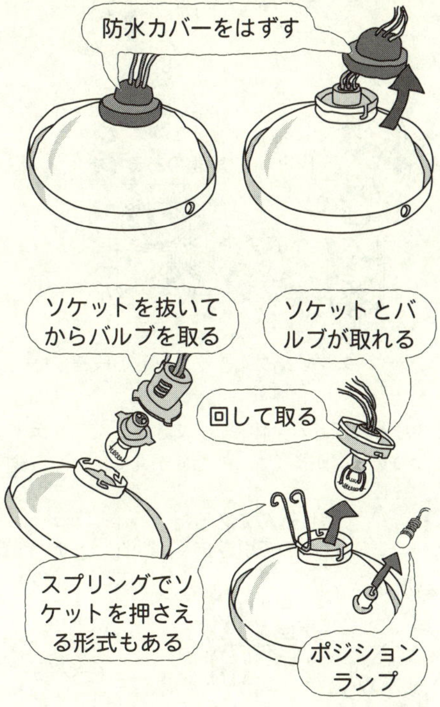
防水カバーをはずす
ソケットを抜いてからバルブを取る
ソケットとバルブが取れる
回して取る
スプリングでソケットを押さえる形式もある
ポジションランプ

バルブには２本のイボが段違いに出ていて、受ける側のソケットも段違いに切り込みがあり、組み込むときは決まった位置以外には入りません。

バルブを持って引き抜くだけ

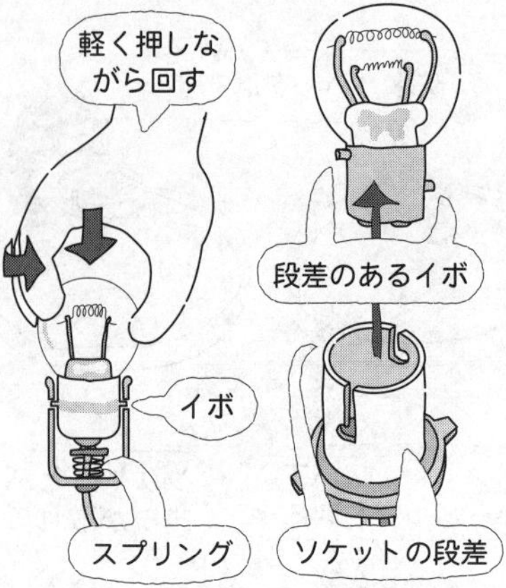
軽く押しながら回す
イボ
スプリング
段差のあるイボ
ソケットの段差

の、通称ナス球と呼ばれる全体がガラスだけのタイプが多くなってきました。ソケットに入る部分が丸ではなく、薄く板状に

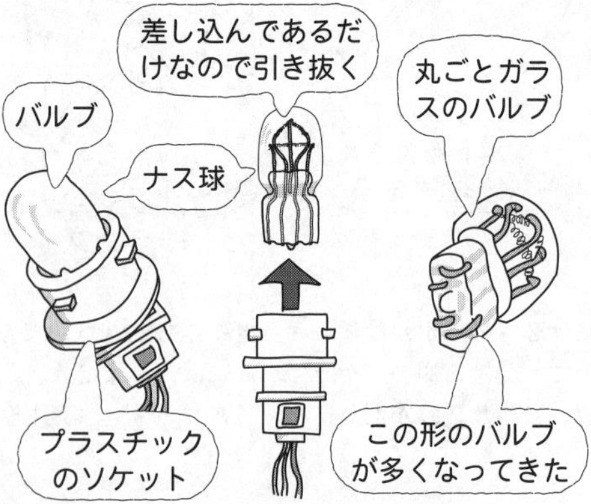
差し込んであるだけなので引き抜く
バルブ
ナス球
丸ごとガラスのバルブ
プラスチックのソケット
この形のバルブが多くなってきた

なっているので、見ればわかります。タイプが違ってもほとんどのバルブやソケットは、イボやツメ同士を合わせ、決まった位置以外は組めないようになっています。

ハロゲン球には直接触らない

丸形で中のフィラメントが見えるバルブ以外に、棒状の形をしたハロゲン球が多くなってきました。ハロゲン球は直接手で触らないほうがいいようです。
手の脂《あぶら》がハロゲン球のガラス面につくと、点灯でガラス面が高熱になり、脂がついた表面のヒズミが多くなって割れる、と聞いているのですが、まだ割れた経験はありません。
もし触ってしまったら、食器洗い用の中性洗剤で脂分を洗い落とし、きれいな布でふいてから組み付けてください。

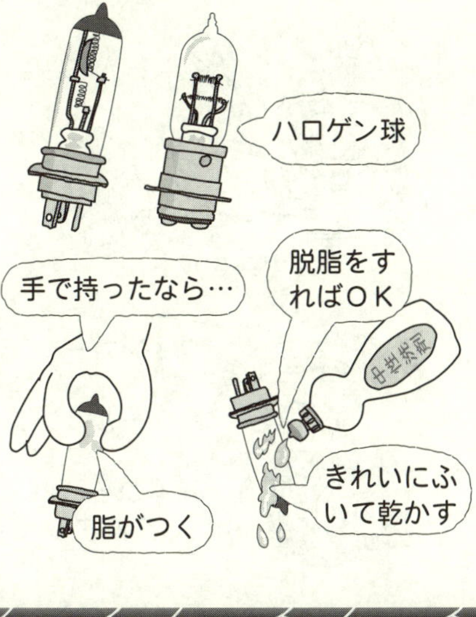
ハロゲン球
手で持ったなら…
脂がつく
脱脂をすればＯＫ
きれいにふいて乾かす

その他のバルブ交換

テールランプのバルブはブレーキランプと兼用が多いので、ソケットもバルブも、イボが段違いのヘッドランプと同じ形式が多いようです。その他のバルブはプラスチックのレンズを取って差し換えるだけの簡単な形式です。

プラスチックレンズを組むときは、防水のためのゴムガスケットがはみ出したり中に入り込まないように、仮組みをして何度も確かめてください。すき間ができていると、雨水が入ったりゴミが入ったりしてトラブルの元になります。

プラスチックを締めるとき、強い力は厳禁です。ビスを締めすぎるとレンズが割れます。どのくらいの力でゆるんだかを覚えておいて、その力まで締めます。どんな場合でも歯を食いしばるほど締めるところはありません。

バルブ
レンズ
ガスケット

ウィンカー
テールランプ
裏側からバルブ交換する

小型バルブはナス球が多い
ガスケット
レンズのはずし方
はいろいろある

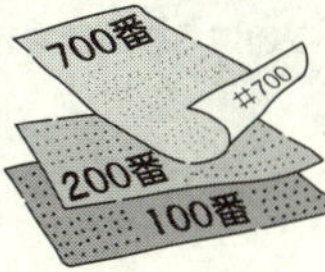

第4章

スプレー塗装はこれで大成功！

塗装について

自動車の補修用として売られている塗装用の缶スプレーで、プロ並みのきれいな塗装ができます。最初から大成功は無理としても、時間をたっぷり使って手順どおりに追っていけば、必ずきれいな塗装ができるようになります。何度か経験すれば、プロに負けない塗装のオリジナル車になります。

塗装できないもの

どんなものでも缶スプレーを吹けば色はつきますが、その色をはじいてしまったり、しみ込んだり、塗料との接着が弱くてすぐはがれてしまう材質のものを、塗装ができないものといいます。
バイクに多用されている金属メ

ッキは、きれいに塗装されているのに、ツメで引っかくだけで塗装がはがれます。プラスチックも、塗料との接着が弱くてすぐにはがれます。50ccクラスのスポーツタイプ車のカウル（カバー）やスクーターに多いのですが、最初から色のついたプラスチックを使っているものは、塗装してもすぐにはがれます。

ゴムや、シートに貼られている革やビニールレザーも、上手《じょうず》に塗装できてもすぐに塗料がはがれてしまいます。

塗装できるもの

メッキされていない金属製のエンジンや部品、フレームなどはきれいに塗装できます。ヘルメットやカウルもＦＲＰ製（ガラス繊維を樹脂で固めたもの）なら問題なく塗装ができます。

スクーターのカバーやフェンダーのように、最初からプラスチックに塗装してあるものは、その上からならきれいに再塗装ができます。

古くなって汚《よご》れが目立つバイクでも、部分的に塗装しただけできれいに生き返ります。

塗装されているものはＯＫ
熱くなる部分には耐熱塗装

部分塗装は応急処置用

塗装する部品をはずさずに、車体につけたままでの塗装をよく見かけます。その部品だけでなく周りにも塗料が飛び散って、逆に汚れた感じに見えてしまいます。少し手間をかければ周囲の汚れは防止できます。

分解しない部分塗装

塗装の基本は、塗るものをバラバラに分解し、それぞれを単体にしてから塗装します。本当にきれいに塗装するならこの方法です。

でも、1ヵ所だけ小さな傷がありサビも見えるけれど、分解するのは大変だから、小さなサビが出てきた部分だけを塗装しようと誰でも思います。

缶スプレーをそこだけ吹いたつもりでも、缶スプレーから吹き出した塗料は大きく輪になって広がるので、ねらった場所だけ塗装するのは不可能です。周りに違う色の塗料が飛び散ります。部品を分解しない塗装は、あくまでその場しのぎのことです。

部分塗装のマスキング

部品をつけたまま塗装するのなら、塗装したくない部分は新聞紙などで覆《おお》って隠します。この覆い隠すことを「マスキング」といって、塗装ではとても大事な作業です（176ページ参照）。塗装する個所以外を完全にマスキングすれば、塗料の飛散は防げます。でも部分塗装はサビ防止などの応急処置用で、きれいな塗装にはほど遠いものです。

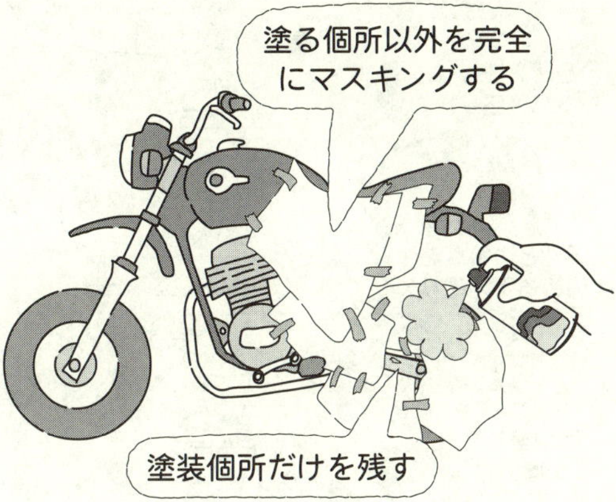
塗る個所以外を完全にマスキングする
塗装個所だけを残す

缶スプレー塗装の手順

プロ並みの美しい仕上げにするには、プロと同じ手順で塗装します。それぞれ意味のあるこの手順を、めんどうだからと1つでも省略すれば、後悔する仕上がりになります。あわてず腰を落ち着けて塗装に取り組んでください。

塗装はこの順番で

表面を磨く下地づくり
凸凹を埋めるパテ盛り
下地との接着を強める下地塗り
下地塗りを磨く
発色のための中塗り
目的の色を塗る
2色目を塗る
光沢を出すクリヤー塗装

塗装はたっぷりと時間のかかる作業です。缶スプレーを吹きつければ完成ではなく、下地塗り、中塗り、目的の色を塗る仕上げ塗り、光沢《こうたく》を出すクリヤー塗装と、それぞれの工程が必要で、何度も何度も塗り重ねて完成します。

それぞれの工程の間には、マスキングや塗料を乾かす時間、表面を磨《みが》く作業も必要です。

この工程の1つでも抜いてしまうと、きれいな仕上がりにはならず、後悔することになりかねません。

デザインと色を決める

塗装する前にデザインと色を決めます。曲線を多用する複雑なデザインは慣れてからにします。直線で区切るデザインなら簡単かというと、平面の部品は少なく、たいていは曲面があります。ガソリンタンクのように曲面で構成されている部品では、直線のつもりで線を引いても曲線になり、それなりに難しいものです。まずは単純な単色からが無難です。

オリジナルの色を使いたくても、缶スプレーでは市販されている色以外は使えないので、希望する色に近い缶スプレーを探《さが》します。

難しそうだから
まずは単色で
決めてみよう
複雑なデザインは塗装
に慣れてからにする

必要な缶スプレー

塗装の手順では、下地塗りからクリヤー塗装と進みますが、それぞれに使う缶スプレーの種類は違います。光沢や耐久性があり、表面にガソリンをこぼしても溶けないなど、バイクの塗装にも適しているので、基本的には自動車の補修用として売られている缶スプレーを使います。その他にも塗装用の缶スプレーはいろいろありますが、それらの応用は塗装に慣れてからです。

下地塗り　プラサフ、サフェーサー等の名称で、色はグレーです。

中塗り　目的の色の発色をよくするための下塗りで、普通は目的の色が鮮《あざ》やかになる白色を使います。

目的の色　白や赤といってもいろいろあります。塗装途中なのに足りなくなり、あわてて買いに行っても在庫がない、といわ

下地塗り
下地との接着と表面をなめらかにする
プラサフ
目的の色
2色以上塗るなら必要な色を揃える
目的の色
中塗り
目的の色の発色をよくする
白
クリヤー
光沢を出し、なめらかな表面にする
クリヤー

れて困るときもあるので、在庫状態を確かめて揃えます。

クリヤー　透明な塗料で、クリヤーという名称です。

それぞれ何本の缶スプレーが必要かは、塗る面積と塗り方で大きく変わるので確定はできません。目安としては、使った下地塗りの本数と目的の色は同じ数、中塗りとクリヤーはその半分くらいです。

用意するもの

耐水ペーパー　水にぬらして使うサンドペーパーで、ペーパーの目詰まりを水で洗いながら使います。傷やサビを磨いたり、塗装面も磨きます。大きな傷やひどいサビは100番前後、仕上げは700番で磨きます。700番を使う工程が多くあります。

台所用中性洗剤　塗装する面に少しでも油があると、塗料ははじかれて噴火口のような丸いブツブツの穴ができます。家庭で食器洗いに使う中性洗剤で塗装前に丸洗いし、水でよく流してから完全に乾燥させれば、油は取れます。素手《すで》で持つと、手の脂《あぶら》がついてブツブツになるくらい、塗装は油に弱いものなの

耐水ペーパー
裏側に番数がある
700番
#700
200番
100番
台所用中性洗剤
中性洗剤
マスキング用の新聞紙
マスキングテープ
曲線も可能な細いカラーテープ

です。

マスキングテープ　弱い粘着力の紙テープで、塗料がついては困る個所を覆い隠すときや、2色以上に色分けするときに使います。2～5 cm幅のテープを使い分けます。

細いカラーテープ　塗装の縁取《ふちど》りや、2色以上に塗り分けたときに、色の境目がギザギザになった部分に上から貼ると、ギザギザが隠れデザインも締まって見えます。テープを貼ってその上からクリヤー塗装をするので、テープははがれなくなります。模型店にある細い2～5 mm幅のカラーテープがいろいろと役立ちます。

新聞紙　マスキングをするときに大量に使います。

塗装台　段ボール箱を新聞紙で覆えば、立派な塗装台になります。

吊《つ》り金具　塗ったものを乾かすために吊り下げる金具です。針《はり》金《がね》製のハンガーなどをペンチで切って、S《エス》字形に曲げて自作します。

ステッカーはがし剤　いろいろなステッカーが貼られていますが、はがしてから塗装します。はがさないで塗装すると、ステッカーの厚さと形がそのまま段差となって現れます。

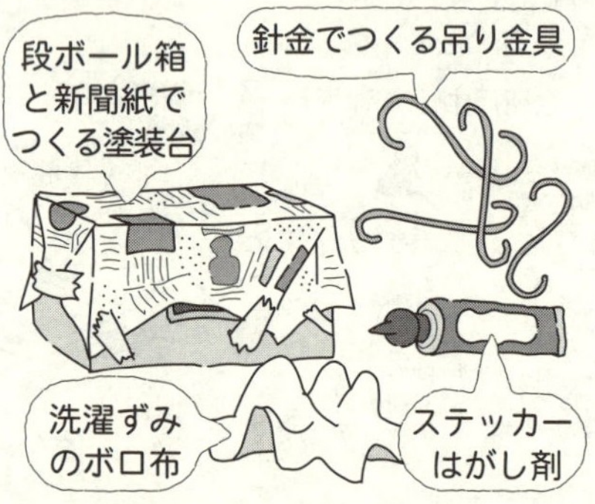
段ボール箱
と新聞紙で
つくる塗装台
針金でつくる吊り金具
洗濯ずみ
のボロ布
ステッカー
はがし剤

ボロ布　水洗いした部品をふくのにボロ布を使います。塗料はどんな油にも弱いので、ボロ布は洗濯をしたものを使ってください。

塗装場所を確保する

室内で塗装すると飛散した塗料が降り積もり、青色の塗料なら部屋中が青くなります。缶スプレーが吹き出すガスも、大量に吸えば体にいいわけがありません。もし、どうしても屋内で塗装しなければならないなら、窓は全開にして換気に注意します。塗装は風の影響が少ない場所を選んで、屋外でやります。水も使うので水道が近くにあり、乾燥させる空間も近くにある場所が理想的です。

ステッカーを取る

いろいろ貼られた古いステッカーをはがさないで、その上から塗装してしまうと後悔することになります。市販のステッカーはがし剤を使うと、のりが残らずに取れます。

分解して塗装部品だけにする

塗装する部品だけにできるだけ細かく分解します。細かく分解するほど、塗装は楽できれいに仕上がります。たとえばガソリンタンクを塗るなら、ガソリンコックやキャップを取って、タンク本体だけにします。はずした部品は組むときのことを考え

て、袋に分けて入れておきます。
ヘルメットは内側が取れればいいのですが、かなり難しいので紙などを詰め込んでマスキングします。

ステッカーのはがし方

ステッカーをはがさずにその上から塗装すると、どんなにきれいに塗れても、最終的にはステッカーの厚みが段差となって、はっきりと形となって浮き出ます。
ステッカーはお湯をかけたり、ドライヤーで温めると、接着ののりがやわらかくなり、はがしやすくなります。残ったのりはガソリンでふき取れるものもありますが、耐水ペーパーで磨き取ります。

温めるとはがしやすくなる
塗装するなら傷がついてもＯＫ
スクレーパーで削り取る

クリヤー塗装下のステッカーは

あとから貼ったステッカーは取りやすいのですが、タンクやサイドカバーなどに入っているメーカー名や車種名などのステッカーは、クリヤー塗装の下に貼ってあり、無傷ではがすことは不可能です。
スクレーパーの刃《は》でストライプの下まで食い込ませ、強引に削《けず》り取ります。塗装面はバリバリとはがれ、下地の鉄板も出ますが、かまわずはがします。どんなに塗装表面に傷がついても、補修する方法はあるので気にせずはがします。

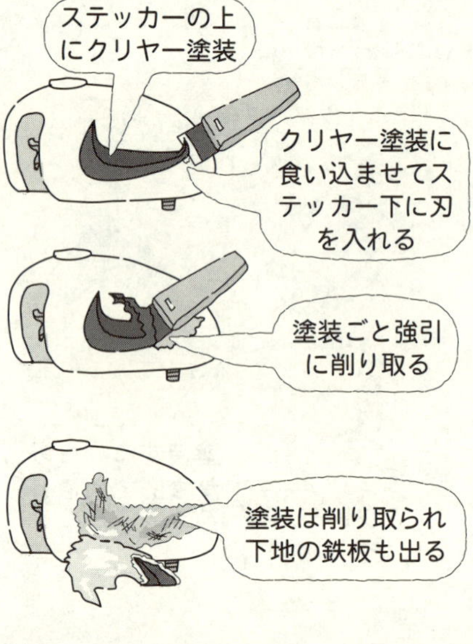
ステッカーの上にクリヤー塗装
クリヤー塗装に食い込ませてステッカー下に刃を入れる
塗装ごと強引に削り取る
塗装は削り取られ下地の鉄板も出る

文字を磨き取る

タンクにあるメーカー名の文字も、残して塗装するとはっきりと段差が出てしまいます。削り取ってもいいのですが、耐水ペーパーで水《みず》研《と》ぎ（182ページ参照）すると、きれいに削り取れます。文字だけを水研ぎするのではなく、その周辺も広く文字が消えるまで磨きます。最終的には文字のあった周辺も、塗料が削れて鉄板が出ます。

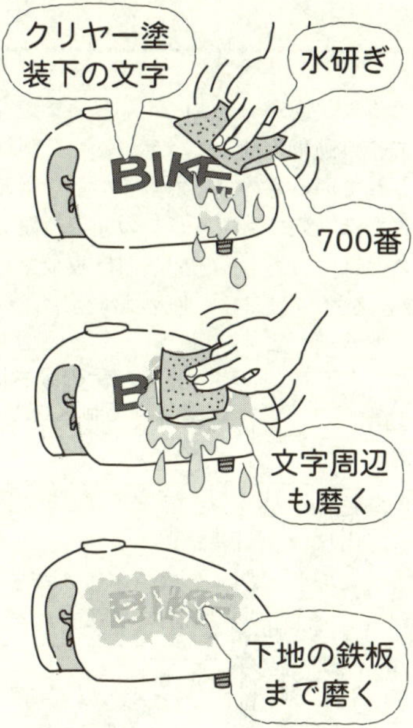
クリヤー塗
装下の文字
水研ぎ
700番
文字周辺
も磨く
下地の鉄板
まで磨く

パテ埋めのやり方とコツ

小さなすり傷ぐらいだけなら、パテ埋めをしないで塗装面全体を水研ぎすればいいのですが、凹《へこ》みがあったり、サビてザラザラになっていたら、その部分には補修用のパテを埋めて、できるだけ表面を平らにします。

パテについて

パテとパテを固める硬化剤がセットになっていて、自動車の補修用として市販されているものを使います。どんな深い穴でもパテで埋められるわけではありません。安心できる厚さは5mmくらいまでで、1cmではパテが乾くと割れることもあります。小さな傷と凹みくらいがパテの守備範囲で、大きくて深い凸凹は板金《ばんきん》をしてからパテを埋めます。

自動車用
補修パテ
ヘラ
パテ
硬化剤
サンドペーパー

パテの厚さは
5㎜くらい
鉄板
パテが厚すぎると
割れることがある

傷を磨く

パテ埋めをする部分を水研ぎします。凹みの内側はもちろんですが、その周りの塗料も削るように大きく磨きます。１円玉くらいの大きさの傷でも、磨き終わると500円玉より大きくなります。
表面に油が残っていると、パテが乾燥してからはがれることもあるので、食器洗い用の中性洗剤で磨いた部分を洗い、乾燥させてからパテ埋めをします。

凹み
引っかき傷
サビ
水研ぎで周辺も磨く

パテをつくる

表面がツルツルで厚手の紙を用意します。雑誌の表紙などでOKです。紙の上に、凹みを埋めるのにはこのくらいの量かな、

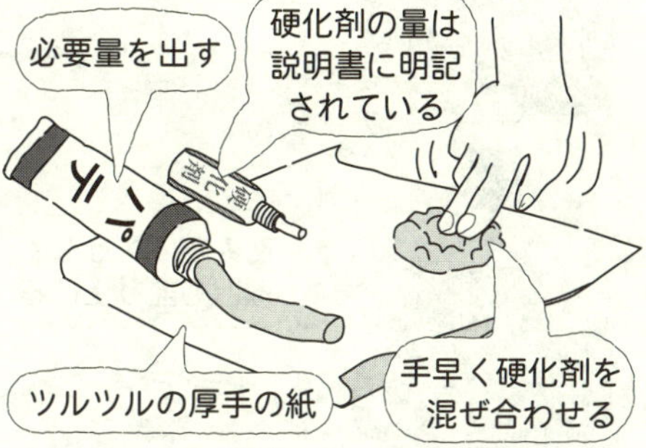
必要量を出す
硬化剤の量は
説明書に明記
されている
パテ
硬化剤
ツルツルの厚手の紙
手早く硬化剤を
混ぜ合わせる

と思えるパテを出します。そこに硬化剤を混ぜるのですが、パテと硬化剤の比率はとても大切で、説明書をよく読んで適量を出します。

硬化剤が少ないと、いつまでたってもパテは固まらないし、逆に多すぎると、混ぜ合わせているうちに固まってしまい、どちらもパテ埋めに使えません。

付属のヘラか指ですばやくパテと硬化剤を混ぜ合わせます。混ぜ合わせるとすぐに硬化が進行するので手早くします。使い残したパテはそのまま固まってしまうので、再使用できません。

パテを埋めていく

パテと硬化剤を均一に混ぜ合わせたら、凹んでいる部分に指で押しつけるように埋め込みます。のんびりやっているとパテは固まってしまいます。付属のヘラで押しつけてもいいのですが、慣れるまでは指を使ったほうが確実です。

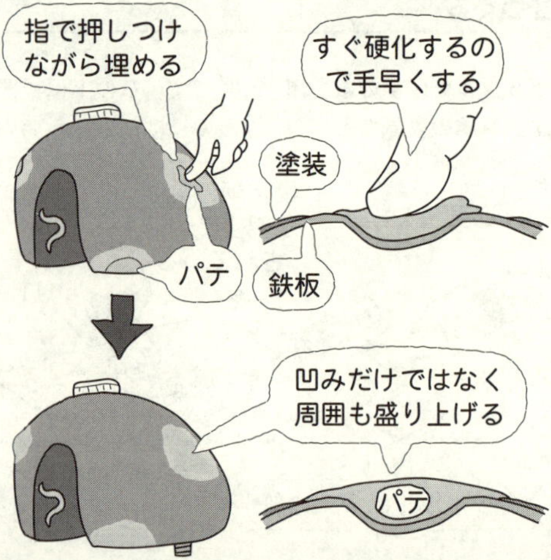
指で押しつけ
ながら埋める
すぐ硬化するの
で手早くする
塗装
パテ
鉄板
凹みだけではなく
周囲も盛り上げる
パテ

パテは凹みの中だけでなく、その周辺にもこすりつけるように広げて、少し盛り上げるようにします。乾いたら平らに磨きますが、盛り上げすぎると磨くのに時間がかかるので、少し盛り上げる程度です。
パテを盛ったら、そのまま30分ほど放置すれば、カチカチに固まります。

パテを磨いて平らにする

パテが固まったら、100～200番くらいの粗目《あらめ》のサンドペーパーで、水を使わずに平らになるように磨きます。
次に700番のサンドペーパーで、水を使わずに細かく平らに仕上げの磨きをします。このときに周辺まで盛り上げたパテを下地の鉄板が出るまで磨くと、凹んだ部分の高さがわかります。慣れないうちは鉄板が出ると驚きますが、凹んだ部分のみにパテが入り、周辺の鉄板が出るのが平らな状態です。

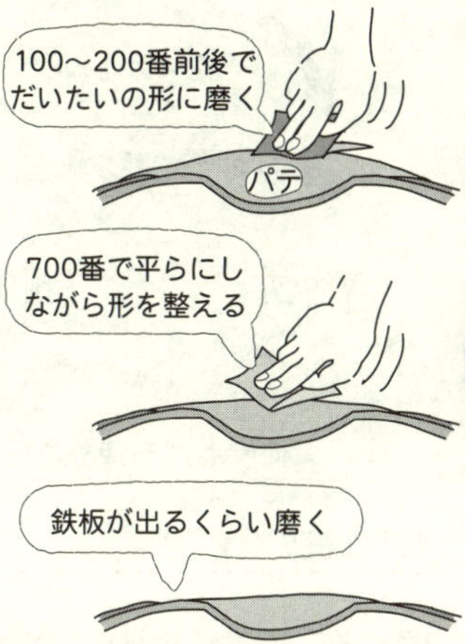
100～200番前後で
だいたいの形に磨く
パテ
700番で平らにし
ながら形を整える
鉄板が出るくらい磨く

再度パテ盛りする

1回のパテ埋めで平らになることはありません。削りすぎたり、パテの量が足りなくて凹みが残る部分があるはずです。再度パテと硬化剤を混ぜて、凹んだ部分を重点的にパテ埋めをします。2回目以降はパテをつくる量は少なくなります。
パテが固まったら、またサンドペーパーで磨いて平らにします。だんだんとパテの量は少なくなりますが、表面を平らにするには5回以上パテ埋めを繰り返すのが普通です。

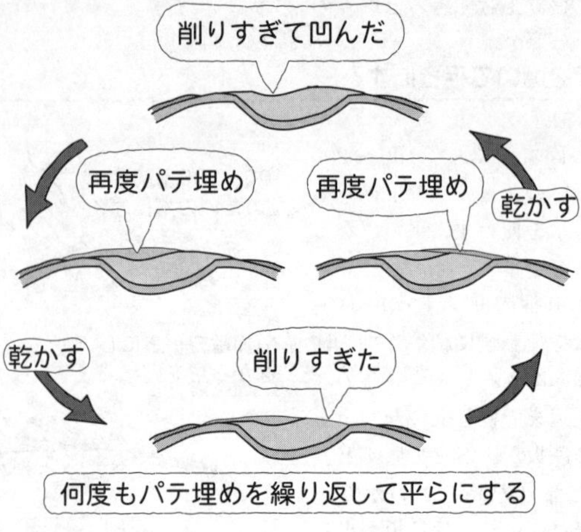
削りすぎて凹んだ
再度パテ埋め
再度パテ埋め
乾かす
乾かす
削りすぎた
何度もパテ埋めを繰り返して平らにする

パテの完成

表面が平らかどうかを初心者が判断するのはとても難しいことです。
パテ埋めも1～2回目なら、目で見て凸凹はわかります。が、パテをつくるたびに微妙にパテの色が変わり、何度もパテ塗りを重ねながら磨いていると、木の年輪のような模《も》様《よう》となり、色や線にまどわされて、見た目で凸凹の判断はできなくなります。こんなときは目をつぶって指先で表面を軽くなでて、かすかな凸凹を感じ取ります。非科学的ですが何度か経験すれば、集中した指先の感覚で表面の平らを感じるようになります。
とにかく納得するまで平らにしてください。いい加減《かげん》で妥協《だきょう》すると、どんなにきれいに塗装ができても、見事なくらいはっきりと凸凹が現れてガッカリします。

パテを重ねていくと年輪のような模様になる
パテをつくるたびに色が違う
指先の感覚で判断する

マスキングは重要

パテ埋めで表面を平らにしたら、次にマスキングをします。マスキングとは塗装したくない部分を覆い隠すことです。丸ごとすべて塗装するならマスキングはいりませんが、ほとんどの塗装はマスキングが必要になります。塗装をスッキリときれいに仕上げたかったら、マスキングは重要なので、境目のテープはすき間のないようにしっかりと貼ります。

必要なもの

塗装する部分との区切りに貼るマスキングテープ、マスキングテープを切るカッターナイフ、あとは塗料がついては困る部分を覆い隠す新聞紙だけです。

マスキングテープは接着面をしっかりと密着させて貼り、テープと塗装面にすき間がないようにします。テープが浮いているとそのすき間に塗料が入り込んで、塗装の境界がギザギザで見苦しくなります。

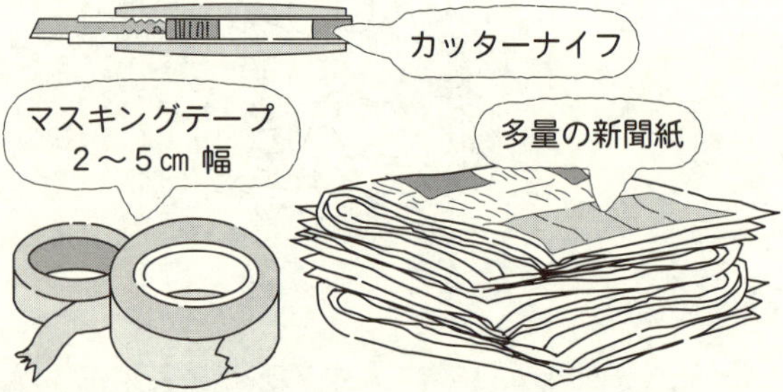

ピタッと密着
させて貼る
すき間が
あると…
塗料がすき間に
入り込んでギザ
ギザの線になる

小さなマスキングには

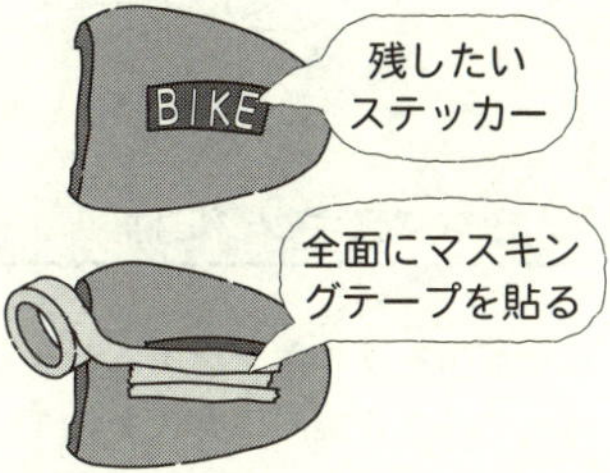
BIKE
残したい
ステッカー
全面にマスキン
グテープを貼る

マスキング部分が少ないときは、大きめにマスキングテープを重ねながら貼って全体を覆い、余分なテープはカッターナイフで切り取ります。カッターナイフで切ると、塗装面に切り傷がつきますが、塗装をすれば

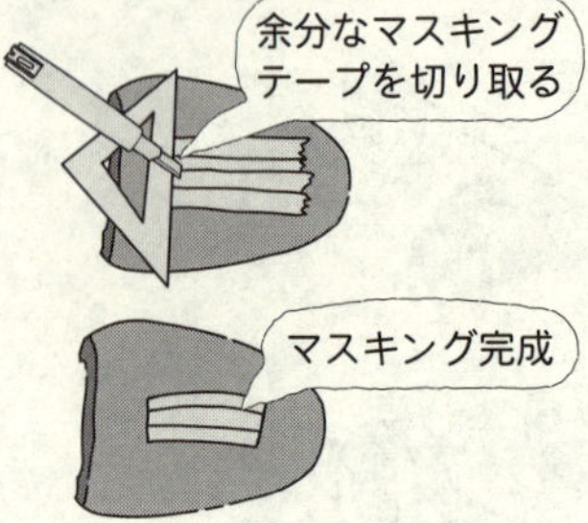
余分なマスキング
テープを切り取る
マスキング完成

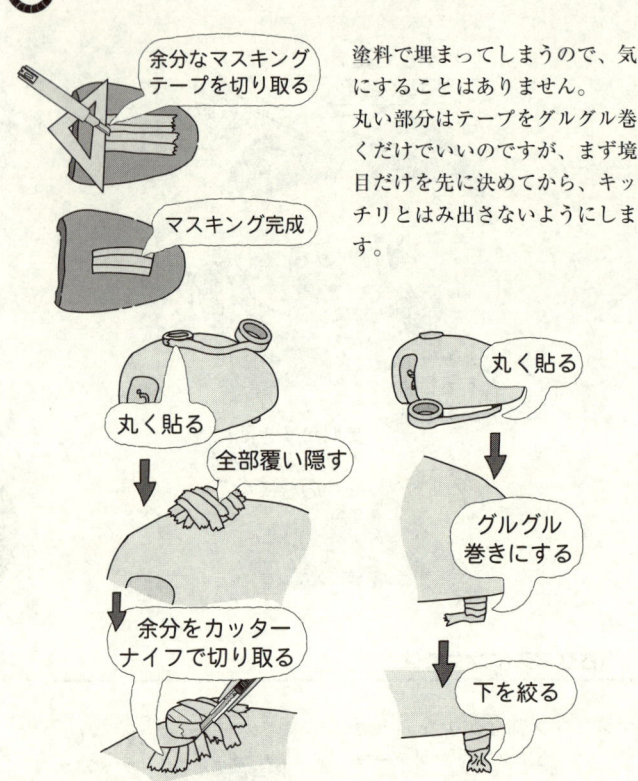

塗料で埋まってしまうので、気にすることはありません。
丸い部分はテープをグルグル巻くだけでいいのですが、まず境目だけを先に決めてから、キッチリとはみ出さないようにします。

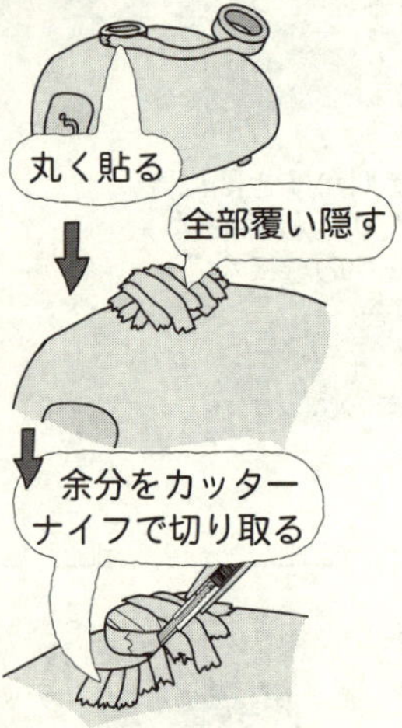
丸く貼る
全部覆い隠す
余分をカッター
ナイフで切り取る

丸く貼る
グルグル
巻きにする
下を絞る

大きなマスキングには

広い面積をマスキングするときは、塗装する境界にマスキングテープを貼ります。最初にすべての境界線にテープを貼ります。このテープにすき間があると塗料が入り込むので、しっかり密着させます。貼ったテープの上半分の幅に、新聞紙の端を重ね、その上からテープを貼って、下のテープに新聞紙を固定します。

マスキングに使う新聞紙は、1 枚だと塗料がしみ込んで下に色が移るので、必ず 3 枚以上は重ねて使います。

テープの上に新聞紙をすき間なく貼ったら、部品の形に新聞紙を包んでテープで止めます。

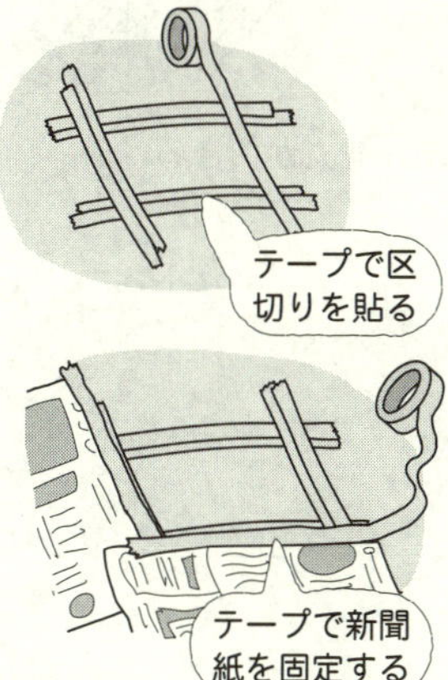

マスキングをはがすのは塗装の最後となり、それまで何回も持ったり動かしたりするので、新聞紙が動かないように、テープでしっかりと何ヵ所も固定してください。

COLUMN

曲線は慣れてから

マスキングテープで直線は簡単に貼れますが、曲線は無理です。プロ用には曲線用のマスキングテープもあります。

曲線をつくるには、マスキングテープを一面にびっしりと重ねて貼り、貼ったテープの上に、目的の曲線を濃い鉛筆や細いサインペンで描きます。その線をカッターナイフを使ってフリーハンドで切り、塗装する面のマスキングテープをはがせば、どんな形でも自由につくれます。

直線と曲線を組み合わせれば、どんな複雑なデザインもつくれますが、塗装に慣れてからにしてください。

線を描いてカッターナイフで切る
角丸ができる

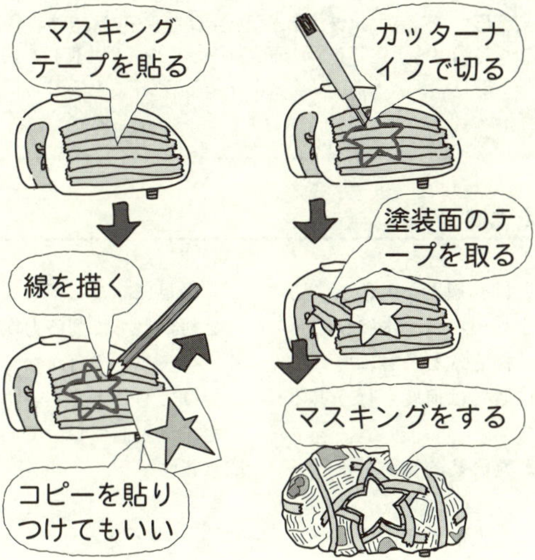
マスキングテープを貼る
線を描く
コピーを貼りつけてもいい
カッターナイフで切る
塗装面のテープを取る
マスキングをする

水研ぎが成功への鍵《かぎ》

パテで成形し、マスキングができたら全体を水研ぎします。
下地づくりの最終工程ですが、表面を平らにツルツルにし、残っている油を取ります。きれいな塗装にするための、手の抜けない大事な作業です。

水研ぎとは

水研ぎとは、適当な大きさに切った耐水ペーパーを水にひたして、塗装面を水とともに磨くことで、塗装では何度も行う重要な作業です。
削り取れた塗装の粉が耐水ペーパーの目に詰まっても、水で洗うと粉が落ちて削る力が元に戻り、ペーパーの目がなくなるまで何度でも使えます。ホコリも立たず、表面についている油も取れます。

灯油を使って脱脂する

水研ぎをする前に、目に見える油がついていたらふき取り、灯油で洗います。エンジン部品やフレームなどに油がべったりついているときは、狭いすき間は歯ブラシなどを使い、すべての油を灯油で洗い流します。
油取りに灯油を使うと、ますます油がつきそうですが、灯油だけなら水研ぎで取れます。

狭いすき間の油を取る
歯ブラシ
灯油

塗装面を水研ぎする

700番の耐水ペーパーで、塗装する面を水研ぎします。すでに小さな傷を磨き取ったり、パテ埋めで平らになっているはずなので、表面の凸凹を取るための水研ぎではありません。
この水研ぎは古い塗装面に、ペーパーで磨いて小さな傷をつけ

小さな傷をつける
水にぬらしながら軽く磨く

紙がぬれないように水研ぎ

テープ近くまで磨く
テープは磨かない

るのが目的です。次の塗料の接着をよくするために２～３回全体を軽く磨いて、すり傷をつけます。
マスキングテープまで磨くと境界線がボロボロになるので、テープは傷つけないようにテープの近くまで磨きます。マスキングに使った新聞紙は、ビショビショになると破れるので、なるべくぬらさないように水研ぎをします。

全体を脱脂する

表面の油は水研ぎでだいたい取れますが、少しでも残っていると塗料をはじいてしまうので、とにかく油は完全に取ります。
食器洗い用の中性洗剤の原液で表面を洗います。さっと洗うのではなく、ていねいに何度も洗います。塗装の失敗は油に関係することが多いので、完全に油を流してから、水で丸洗いして中性洗剤が残らないようにします。
これから先は手の脂がつかないように、塗装面には絶対に触らないこと。
水で丸洗いしたら完全に乾かします。少しでも水が残っていると、塗料が水で流れてしまいます。
この工程を１つでもとばすと、完成したときにばっちり手抜きのあとが出ます。

中性洗剤
で洗う
水で丸洗
いする
完全に乾
燥させる

塗り方のコツとポイント

缶スプレー塗装は初めてだったり、前に失敗しているのなら、本番の塗装に入る前に、缶スプレーで練習をします。基本的な缶スプレーの使い方がわかれば、塗装は難しいものではありません。

塗り方のコツ

缶スプレー塗装がどんなものか、缶スプレーの説明書きをよく読んでください。
練習相手としてはかなり難しいのですが、缶コーヒーなどの空《あ》き缶を数本用意します。
そのままの空き缶に塗装して、油がついていれば塗装はブツブツになるし、厚く塗りすぎれば塗料は流れます。中性洗剤で洗ってよく乾かした空き缶なら、ブツブツにならずきれいに塗装できます。
基本を知らずに練習すると、いろいろなことがあって塗装が怖くなると思いますが、すべて解決できるので安心してください。

吹き始めと吹き終わり

缶スプレーを塗装面に向けてから、どの位置から吹き始めるかはとても重要です。
まず塗装面から10cm以上離れた、何もない空間に向かって吹き始めます。そのまま吹き続けながら塗装面に缶スプレーを移動し、塗装面を10cmくらい過ぎてから吹くのをやめます。何もないところに吹くのは、すごく無駄なようですが、これがきれいに仕上げるコツです。

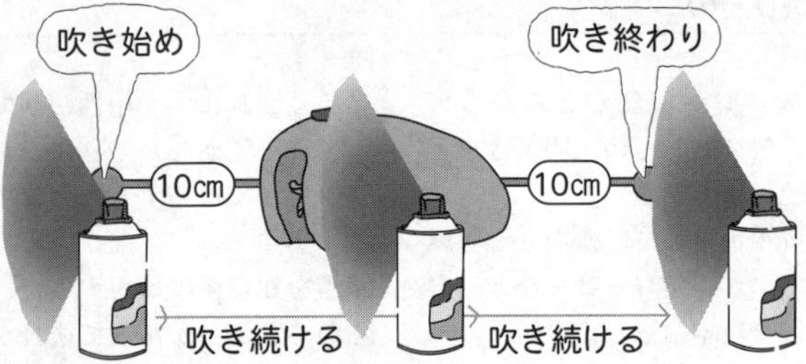
吹き始め
吹き終わり
10cm
10cm
吹き続ける
吹き続ける

缶スプレーは塗装面に直角に

塗装面と缶スプレーの距離は、20〜30cm離して吹きます。近すぎると大量の塗料が一度に1ヵ所に集中するので、塗料が流れます。離れすぎると塗料が空中を飛んでいる間に乾いて、ザラザラの表面になります。
缶スプレーの角度は、塗装面に

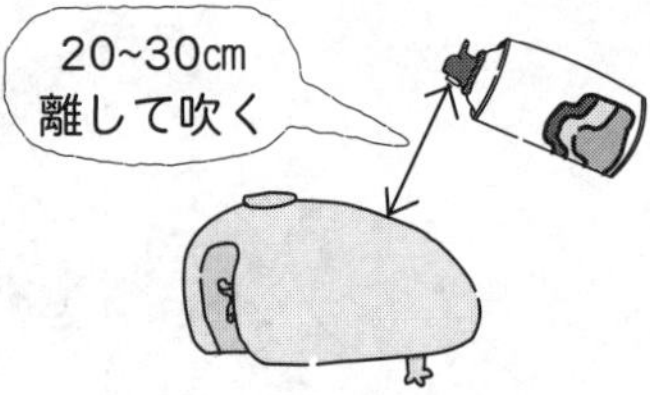
20~30cm
離して吹く

対していつも直角を保ちます。バイクの部品は曲線が多いので、その曲線に合わせていつも直角を保つのがポイントです。

塗装面に直角に吹く

縦吹きと横吹き

缶スプレーの四角い吹き出しノズルは、指で回せるようになっていて、ノズルを90度回転させて縦吹きと横吹きを使い分けます。ノズルが丸形で回転しないものは、縦吹き、横吹きはありません。

指で回せる
回転しないノズルは
縦・横吹き関係なし
ノズル

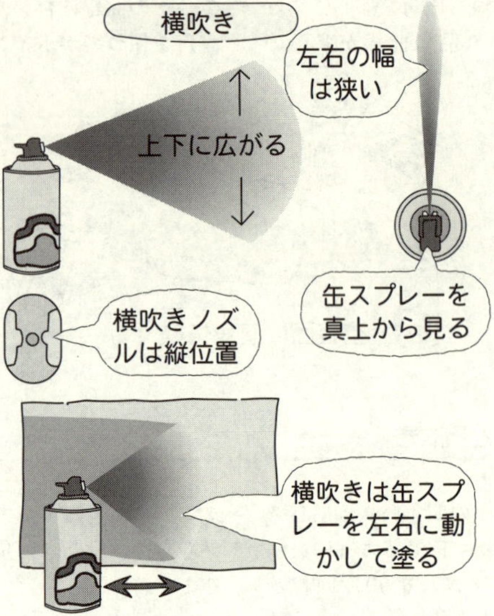
横吹き
左右の幅は狭い
上下に広がる
缶スプレーを真上から見る
横吹きノズルは縦位置
横吹きは缶スプレーを左右に動かして塗る

丸形ノズルのものは丸く円状に吹き出しますが、回転するノズルでは、扇《おうぎ》の形で平面に薄く吹き出すようになっています。

この扇を立てて吹くのが横吹きで、平面に寝かせて吹くのが縦吹きです。

横吹きは缶スプレーを横に移動して吹き、縦吹きは缶スプレーを上下に移動して使います。

逆に使うと、大量の塗料が１ヵ所に集中し、塗料が厚くなって流れます。

縦吹き、横吹きは大事なことで、いつも確認しながら吹いてください。

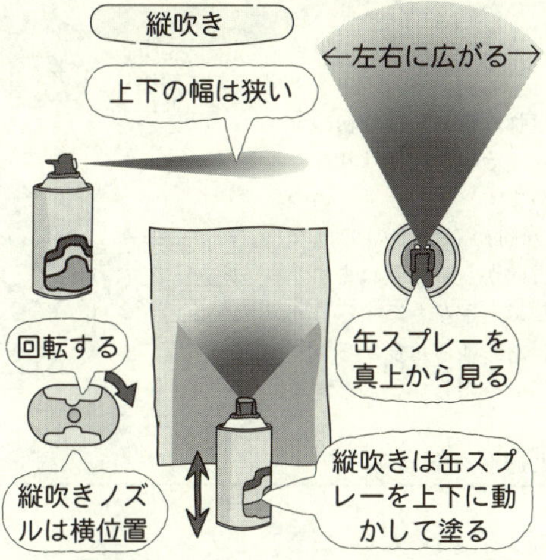
縦吹き
←左右に広がる→
上下の幅は狭い
缶スプレーを
真上から見る
回転する
縦吹きノズ
ルは横位置
縦吹きは缶スプ
レーを上下に動
かして塗る

塗り重ねるのがポイント

塗装の最初は一度に厚く塗らないで、下地がすけて見えるくらい薄く塗ります。
濃い薄いの調整は、ノズルを半分押して塗料の噴出量を調整するのでなく、ノズルはいつも全開のままで、缶スプレーを動かす速さで調整します。速く動かせば薄く塗れ、遅くすれば厚く塗れます。
どのくらいの速度がいいかは、場面によって違うのですが、空き缶の練習で体験してくださ

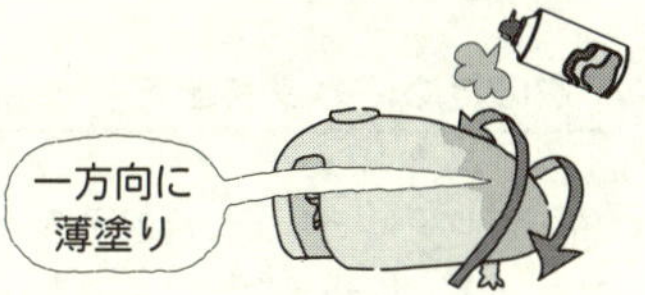
一方向に
薄塗り

い。頭でわかっていることと、実際の作業はかなり違うと思います。
全体が塗れたら、また最初の位置に戻り、その上にやはり薄く塗り重ねます。このとき、いつも同じ方向から塗るのではなく、逆方向から塗り重ねます。塗るたびに上下左右に塗る方向を変え、あらゆる角度から塗り重ねて濃い色にしていきます。

方向を90度
変えて薄塗り

上下左右に
薄塗りで重
ねていく

適温と適湿を知る

塗装は温度と湿度に大きな影響を受けます。寒すぎても暑すぎてもうまく塗れません。
雨が降っているような湿気《しっけ》の多い日は、どんなに上手に塗っても表面に白い膜が出てしまい、失敗します。塗装は晴天続きの風のない日が最高です。

湿気の多い日は白
い膜が表面に出る

次のためにカラ吹きを

缶スプレーはそのまま放置すると、ノズルに残った塗料が固まって出口の一部をふさぎ、次に使うときに塗料がとんでもない方向に吹き出すことがあります。

塗装を休むときは、缶スプレーを逆さにして吹きます。２秒間くらいは塗料が吹き出ますが、すぐに色のないガスだけが吹き出し、ノズルについていた塗料は吹き飛ばされ、次に使うときは正常に使えます。

逆さにして吹く
塗料が出る
２秒くらいで
塗料が消えガ
スだけになる

下地塗りが完成度を決める

これから塗装の本番です。この下地塗りの完成度で塗装のすべてが決まるほどの重要な工程です。手間と時間はかかりますが、塗装の練習をしながら気軽に挑戦してください。

下地塗り

下地塗り塗料の役目は、下地の金属と下地塗りの上に塗る塗料の接着をよくするためと、小さな傷を埋める目的などがあります。「プラサフ」「サフェーサー」「プライマリー」などいろいろな名称で売られていて、色はグレーです。

どちらかというと粘度の高い塗料で流れにくく、下地塗りをしながら塗装の練習もできます。

下地塗り専用塗料
プラサフ
☆プラサフ
☆サフェーサー
☆プライマリー
☆下地塗り用
…などの名称で
市販されている

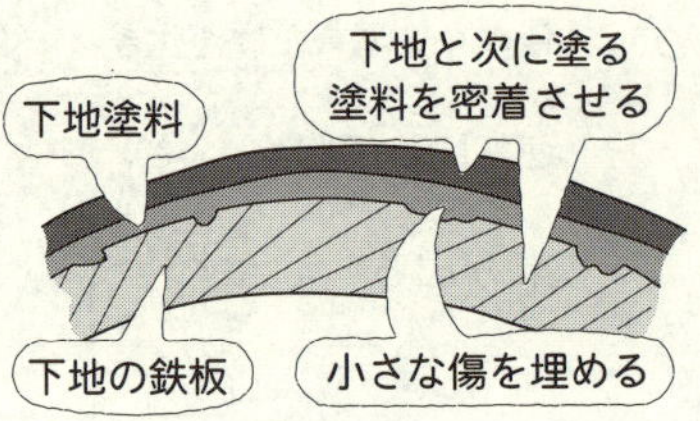
下地塗料
下地と次に塗る
塗料を密着させる
下地の鉄板
小さな傷を埋める

最初は裏側の点吹きから

塗装の最初は、裏表があるものなら目立たない裏側からです。裏返してから最初にやることは「点吹き」です。点吹きとは、溶接個所など、凸凹している部分だけに、直接缶スプレーを薄く吹きつけることです。いくら塗料が散っても平気なので、前

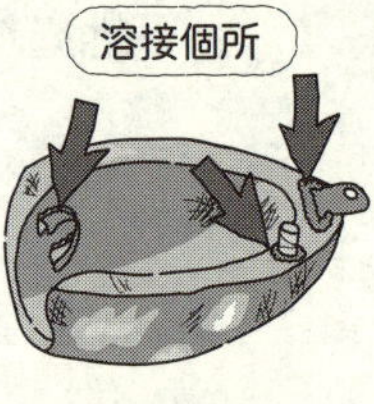
溶接個所

塗り始めは裏側から

凸凹部分に直
接吹きつける
塗料が周りに
飛んでもＯＫ

後左右から丹念に行います。凸凹の角をなめらかにして、塗装全体もなめらかに見えるようになります。

フレームなど溶接個所の多いものだと、点吹きだけで全体が塗れたような感じになります。

裏側で練習を

点吹きがすんだら、裏側全部と裏返しになっていても塗れる側面、前面、後面を、下地が見えるくらい薄塗りしながら塗り重ねていきます。

目立たない裏側を塗るときは、縦吹き、横吹き、缶スプレーを動かす速さなど塗装の練習をします。もし下地塗りを厚く塗りすぎて流れても、このあと水研ぎをするので心配ありません。

この段階では失敗はないので、いろいろ試してください。

下地に油が残っていて、塗料がはじかれブツブツの輪ができたら、すぐに塗装を中止してよく乾燥させます。完全に乾いたら、食器洗い用の中性洗剤で洗って脱脂してから、ブツブツを水研ぎし、最初からやり直します。

一度に厚く塗らずに
薄く塗り重ねていく
縦・横吹きを使って
あらゆる方向から吹く
裏側から塗れる
部分は全部塗る

そのまま乾燥させる

裏側を塗り終わったらそのまま乾燥させます。下地塗り塗料は乾燥が速くて、夏なら30分もあれば完全に乾きます。
乾き具合を見るには、マスキングテープの上や目立たない個所を指で触って、かたくなっていることを確かめます。触ると指の脂がつきますが、水研ぎをするので心配ありません。下地塗りの仕上げや、色を塗るようになってからは、触るのはマスキングテープの上など、塗る面に関係ない場所だけにします。
完全に乾燥していることを確認してから表側に返します。

完全に乾かす
目立たない場所で
乾燥状態を見る

表側は塗りにくいところから

裏側からは隠れて塗れなかったり、見落としていた点吹き個所から塗り始めます。
複雑な形のタンクなどは、塗装面に直角を保ちながら1周するような缶スプレーの動きは無理なので、まずは塗りにくい個所から始めます。横吹きで側面下側から上方向に薄く塗り、上下左右からも薄塗りします。塗りやすい上面は最後に縦吹き、横吹きに薄く塗ります。
よく乾かしたら、再び裏返して裏側を塗り、表を塗る。これを

3回くらい繰り返せば、1回目の下地塗りは完了です。

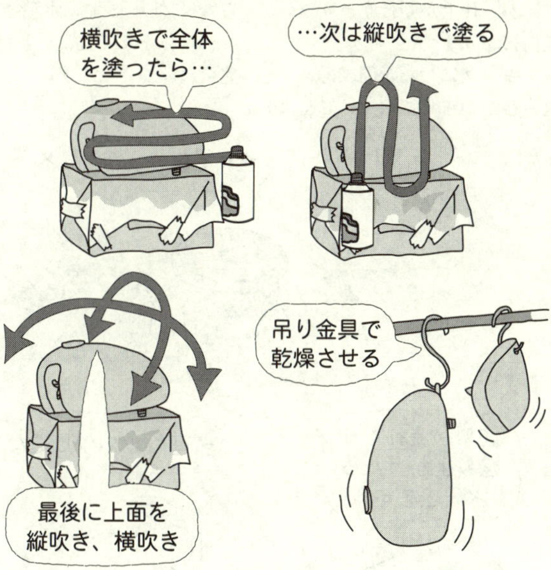
横吹きで全体を塗ったら…
…次は縦吹きで塗る
最後に上面を縦吹き、横吹き
吊り金具で乾燥させる

下地を水研ぎする

完全に乾燥させたら、700番の耐水ペーパーで軽く水研ぎします。水研ぎをするとツルツルの表面になります。下地塗りが流れて盛り上がった個所は、集中的に磨いて平らにします。塗装前に700番ペーパーでつけた小さな傷は埋まり、下地はますます平らになります。下地の金属が出ても気にすることなく磨き、全体を平らにします。

目に見えない裏側は隠れてしま

うので、水研ぎしなくてもＯＫですが、仕上がりはザラザラの表面になります。
マスキングにした新聞紙も、下地塗料が塗られて水をはじくようになり、水研ぎの水が気にならなくなります。水研ぎしたら、全体を水で丸洗いしてから完全に乾燥させます。

全体を軽く水研ぎする

塗料が流れたり
盛り上がったら
水研ぎをする

表面はツルツルになる
平らにするため
には下地が出る

繰り返す

再度、裏側の下地塗りの点吹きから始める工程を繰り返します。水研ぎで下地が出た個所を重点的に塗り、乾燥させて再度水研ぎでツルツルにします。

プロでも下地塗りは数回繰り返します。最低でも3回は、塗っては磨いて乾かす工程を繰り返します。この時点で少しでも凸凹が残っていれば、最後までその凸凹は残ってしまうので、手抜きは厳禁です。ここまでやって下地塗りは完了です。

塗っては磨いて乾かし、また塗装を繰り返すので、とにかく時間がかかります。でも、やればやるだけいい結果が出ます。

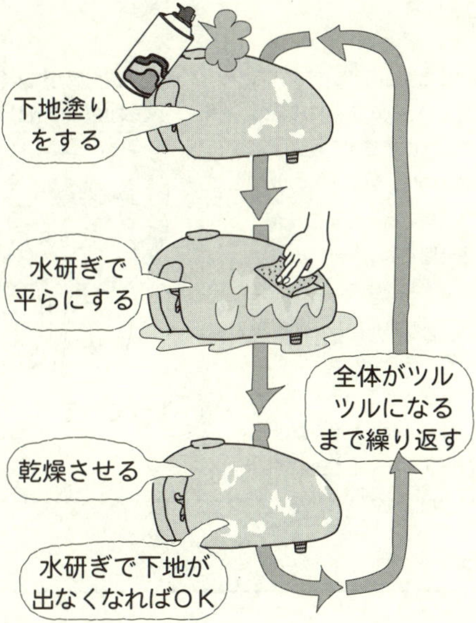
下地塗りをする
水研ぎで平らにする
全体がツルツルになるまで繰り返す
乾燥させる
水研ぎで下地が出なくなればＯＫ

中塗りで発色をアップ

下地塗りで表面をツルンツルンにしたら、その上から白色を全体に塗ります。白はその上に塗る目的の色の発色をよくするためです。

COLUMN

水は曲者《くせもの》

塗装中には水をたくさん使います。完全に乾燥させてから次の工程に移るのですが、この水が曲者です。表面は完全に乾いているのに、溶接個所の小さなすき間や、鉄板の合わせ面に入っている水は、短時間では乾きません。

これを見逃して塗装をすると、缶スプレーのエア圧で水が飛び出し、塗装面が凸凹になって、塗装は失敗します。

水が残る場所は決まっているので、塗装する前に強く息を吹きかけるだけでも、水が飛び出すのを防止できます。

触ると脂がつくので
塗装面には触らない
残っている水を吹き出す

白を塗る

完成した下地塗りの上に、目的の色を塗ってもいいのですが、全体を白く塗っておくと、この上に塗る目的の色が鮮やかに発色します。
とくに明るいブルーやピンク、黄色系の場合は絶対に必要で、黒い下地に明るい色を塗ると、にごった色になります。目的の色が濃い場合は、白のかわりに別な色を使って、深みのある色にすることもできます。厚塗りの必要はなく、全体が白くなる程度で十分です。
塗り方は下地塗りのときと同じで、裏側の点吹きから始めて、最後は表側の上面です。厚塗りはしなくても１晩置いて完全に乾かします。この工程からは水研ぎはしません。

下地塗りの上
に白色を塗る

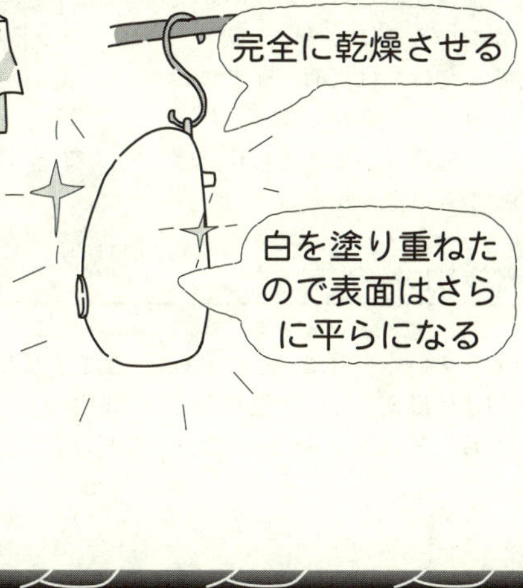
完全に乾燥させる
白を塗り重ねた
ので表面はさら
に平らになる

目的の色を塗る

いよいよ目的の色を塗ります。といっても特別な塗り方はありません。裏側の点吹きから始めます。薄塗りだけで塗り重ねるのではなく、仕上げは厚塗りも必要です。

最初は薄塗りで

真っ白に塗られた面に目的の色を塗り重ねます。手順は同じで初めは薄塗りから、２回ほど全体に塗り重ねます。フレームなどの複雑な形では、よく見たつもりでも塗り残しがあるものです。前後左右から見て、塗り残しがないようにします。
薄塗りだけでは表面がザラついてきれいな仕上がりにはなりません。薄塗りができたら仕上げの厚塗りになります。

目的の色
下地の白色が見えなくなるまで薄塗りをする

厚塗りに挑戦

薄塗りをいくら重ねても、塗料の輝《かがや》きは出ません。薄塗りができたら、缶スプレーの移動の速度を少し遅くして、厚塗りをします。
どのくらいの速度かは経験で覚

えるしかありません。塗料が塗装面でぬれて光る状態が最高です。その状態を維持しながら塗っていけば、光沢のある塗装面になります。ぬれすぎると塗料が流れ出しますが、この寸前がいちばん光沢が出ます。あまり光沢が出なくても、この上にクリヤー塗装すれば輝きは出るので、無理をしないで厚塗りに挑戦してください。

塗装面に光沢の出る状態が厚塗りで、３回も塗り重ねれば完了です。

この先端部分がぬれて光る状態にする
光る状態を保ちながら動かす

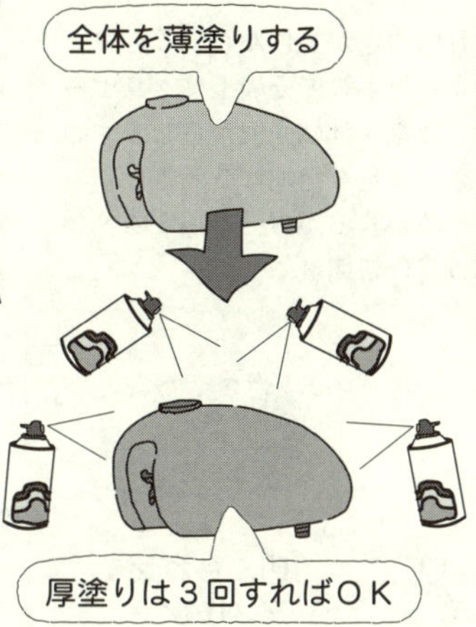
全体を薄塗りする
厚塗りは３回すればＯＫ

上手な塗り分け法

２色以上の色を塗るには、マスキングを繰り返して色を重ねていきます。最初から計画的に色を選んでおかないと、仕上がりが予定外の色になってびっくりします。

２色以上はマスキングする

目的の色が１色なら、そのままよく乾かしてその上にクリヤー塗装をすれば光沢が増します。さらに色を追加するときは、よく乾かしてから、追加する部分以外は新聞紙でマスキングします。塗装が完全に乾いて表面がかたくなっていないと、マスキングに使う紙で傷つくことがあります。

左右対称に色分けするなら、真ん中と左右に印をつけてマスキ

左右同じ位置に印をつける
新聞紙は３枚以上重ねて使う
印に合わせてマスキングテープを貼る
塗装面は触らない

ングテープを貼ります。新聞紙は3枚以上重ねて使います。1枚だと吹いた塗料がしみ込んで、マスキングした側に色がつくことがあります。

マスキング中でも、塗装面には絶対触らないこと。手の脂がついてブツブツの輪ができます。触ってしまったら、塗装面だけを食器洗い用の中性洗剤で洗って、脱脂します。

1色目は明るい色から

塗装途中で気が変わり、違う色を使うと仕上がりが予想とは大幅に違ってしまうこともあるので、色の配置と塗る順番はきちんと決めておきます。

2色以上塗るときは、明るい色から塗っていきます。先に濃い色を塗ってその上に明るい色を重ねると、下の色に影響されて色が変わります。たとえば赤の上に白を塗り重ねると、淡いピンクに見えます。どんなに白を厚く塗り重ねても白色にはならず、ピンクのままです。

2色目はブッツケ本番

今までは目立たない裏側から塗って、色の具合や缶スプレーの噴霧《ふんむ》状態が見られたのですが、2色目には裏側はないと思います。最初からブッツケ本番です。

もしノズルが詰まっていて、大粒の塗料が飛んだら、そのままブツブツの塗装になってしまいます。これは吹き始めを10cm離すだけで防げます。

塗り残しのないように注意して、薄塗りから始め、仕上げは厚塗りになります。縦吹き、横吹きを確認しながら吹いてください。もし失敗しても修正可能なので気楽にやってください。

あっ
間違えた
縦吹き、横吹きが
逆だと流れる

マスキングを取る

通常のマスキングは、塗装が完全に乾いてから取りますが、色分けのためのマスキングは、塗料が半乾きのときに取ります。

塗料が完全に乾いてからマスキングテープをはがすと、テープの境目にある乾いた塗料がパリパリと割れてはがれ、色の境目がギザギザになることがあるか

乾きすぎると塗料が
割れてギザギザになる
半乾きならばき
れいにはがれる

らです。塗料がまだ半乾きのときに、マスキングテープをゆっくりはがすと塗料が切れて、きれいなラインが出ます。

テープを貼る

マスキングをはがしてよく乾かしたら、ステッカーやデザインのためのテープなどを貼ります。マスキングをはがすときにギザギザになった色の境目には、ラインに沿って模型用の細いテープを貼ると隠れます。
カッティングシートでつくったオリジナルデザイン（219ページ参照）などもここで貼ります。
この上からクリヤー塗装をすれば、はがれないし汚れない、きれいなラインになります。失敗が許されないクリヤー塗装のために、全体を食器洗い用の中性洗剤で丸洗いします。どんなに塗装面を触らないように注意しても、テープやステッカーを貼っていると手の脂がつくものです。

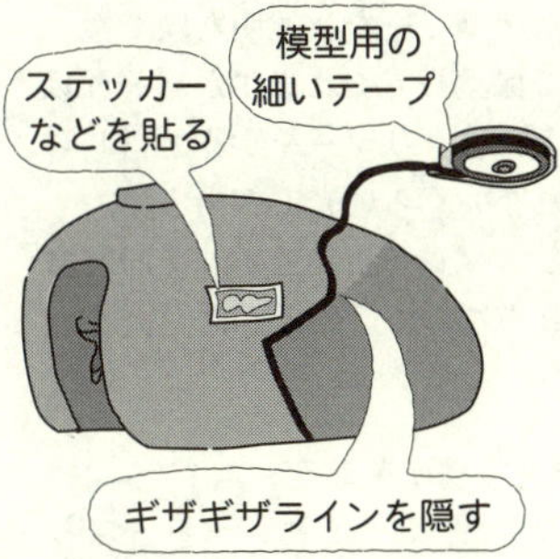
ステッカーなどを貼る
模型用の細いテープ
ギザギザラインを隠す

クリヤー塗装

目的の色が塗れたら完成！　でもいいのですが、さらに無色透明なクリヤー塗料を塗り重ねると、表面がツルツルになり、光沢が出てピカピカに光るようになります。

仕上げの塗装

透明なクリヤー塗装は、目的の色や、あとから貼ったラインやステッカーを、透明な膜で覆って保護してくれますが、それ以上に、クリヤーを吹くと信じられないくらい光沢が出ます。
缶スプレー塗装はすべて同じ塗り方なので、失敗が許されないといっても特別にかまえることはありません。下地塗りからここまで何回も繰り返して缶スプレーを使い、慣れたころだと思うので落ち着いて塗装してください。
厚く塗れば光沢が出ますが、流れないように注意します。流れ

見える場所を塗る
クリヤー
裏側にクリヤーは塗らない

明るい場所でよく見ながら塗る
流れないように気をつけて！

を防ぐためにも、明るい場所で塗装面をよく見ながら慎重に塗装します。もし流れたら、水研ぎをして修正しますが、クリヤー塗料を磨き取る覚悟が必要です。

1日以上乾かす

クリヤーを塗り終わったら、1日以上は完全に乾かします。今まで何回も塗料を塗り重ねていて、その塗料はまだ完全に乾燥しているとは限りません。その分も含めて完全に乾くように、できれば2日間くらいは乾かしてください。

何もしないで完全に乾燥させる

もっと光沢がほしいなら

クリヤーが完全に乾いたら、最初にやったマスキングを取ります。もう塗装はしないので、手の脂も気にすることなく両手でしっかり持ってください。このまま完成でもいいのですが、最後に「極細《ごくぼそ》」のコンパウンドで磨くとさらに光沢が増します。

マスキングを取る

極細以外を使うと、逆に傷がついて光沢は出なくなります。
あとはワックスをかけて本当に完成です。最終仕上がりの状態は、下地づくりの段階で90％は決まってしまいます。下地をいかに平らにツルツルにするかが勝負です。
たっぷりと時間をかけ、各工程を手抜きすることなくのんびりやれば、プロ並みのきれいな塗装が可能です。

極細のコンパウンドで磨く
粗目、中目、細目は逆効果になる
極細
もう手で触っても大丈夫
ワックスをかける
WAX
完成で～す！

耐熱塗装について

タンクやヘルメットを塗装する一般的な塗料は熱に弱く、高温になる部分に塗ると焼けてボロボロになり、ひどい場合は燃え出します。熱くなるエンジン本体やマフラーは耐熱塗装をします。耐熱塗装は下地塗りをせずに直接塗る、一発塗装です。

耐熱塗料を使う

耐熱塗料の缶スプレーは、500度とか600度と耐熱温度が書かれています。
色は黒か銀色で、つや消しとつや出しがあります。スクーターなどのマフラーは、ほとんどがつや消し塗装になっています。つや出しといっても、一般の塗装のようにピカピカには光りませんが、それなりに輝きます。

下地づくりを

耐熱塗装するマフラーは、サビも多く出ていると思うので、ワイヤーブラシや粗目のサンドペーパーでサビを落として、下地づくりをすることが大切です。そのあとに700番の耐水ペーパーで水研ぎをして下地の仕上げをします。油がついているとはじくので、手の脂などがつかないようにして、水洗いしてから乾燥させます。

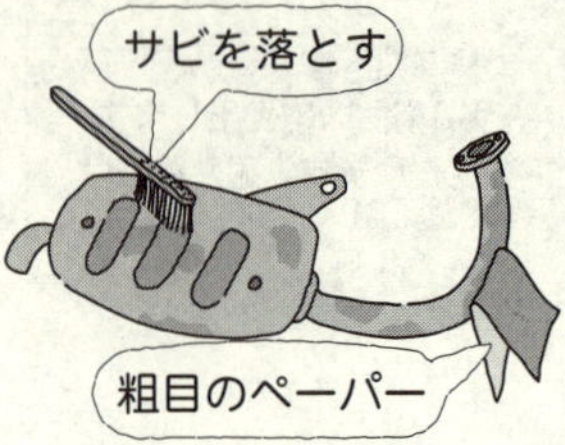
サビを落とす
粗目のペーパー

700番で水研ぎ

気合の一発塗装

耐熱塗料は下地に直接吹きつけ、薄塗りを5回も重ねれば完成です。どんなに厚く塗っても、つや消し塗装なら光沢は出ません。

下地塗りもクリヤーもなく耐熱塗料だけでＯＫ
完全に乾かしてから取り付ける

耐熱塗装も完全に乾かします。半乾きのままのマフラーを取り付けて走り出すと、塗料が泡状にふくれたり、はがれたり、燃えたりします。最低でも１日以上は乾かしてから取り付けてください。熱に強い耐熱塗料は、一般塗料と比べると耐久性は弱いようで、走り方にもよりますが、長期間はもちません。

塗装成功へのワンポイント

缶スプレーの塗料は、プロが仕事で使う塗料と違いはないのですが、自然現象に対しては大きな違いがあります。プロ用ではどんな気候でも対処できますが、缶スプレー塗装にはかなりの制約があります。

湿気に注意

雨の降る日に缶スプレー塗装をすると、色に関係なく表面に白い膜がかかります。そのまま乾かしても膜は取れません。この現象を「かぶり」といいます。雨が降ったからかぶるのではなく、湿気が多いとかぶるのです。雨が降りそうな曇りの日や、汗がひかないようなムシムシとした日もかぶります。

太陽が出たよい天気でも、前日に雨が上がった日などは最悪です。雨が蒸発して湿気が多いのです。こんな日に塗装しても絶対にかぶって失敗します。晴天が３日以上続き、周りに水気のない場所で塗装します。

風のある日はあきらめる

屋外塗装で困るのは風です。そよ風なら問題ないのですが、缶スプレーから吹き出すガスの圧力は弱くて、風で塗料が吹き流されて無駄になるし、思ったようには塗れません。
風の日にはゴミも飛んできます。まだぬれている塗装面にゴミがついたら最悪で、やり直しになります。風には勝てないので、風が吹いていたら塗装はあきらめてください。

暑すぎても寒すぎても

晴天続きの真夏は、気温が高くて塗料の乾きも早くて塗装によさそうですが、暑すぎる日は要注意です。ノズルから吹き出した塗料の粒が塗装面に届く前に半乾きになって、表面がツルンとならずにブツブツのザラザラになってしまいます。
寒すぎると、ノズルから細かな霧状に吹き出す塗料が、霧にはならず大きな粒のまま吹き出すのでうまく塗れません。下地も冷えきっているので塗装が乾く

のに時間がかかります。
自然条件で缶スプレー塗装の結果は左右されるので、塗装する日を選ぶのは重要なことです。本体を塗る前にほかのもので試し塗りをすれば、適した日かどうかはすぐにわかります。

厚塗りしすぎると

塗装は厚く塗り重ねると輝きを増し、色に深みが出て重厚な感じになります。とくに濃い色は顔が映るくらい光沢が出ます。
しかし、厚塗りがいいといっても限度があります。塗っては乾かすを20回以上繰り返して１ヵ月かけて塗り重ねたら、それは見事なつやが出ました。大成功と喜んだのですが、２ヵ月たって完全に塗料が乾いてきたら、塗装面に地割れのようなひびが入り、割れ目がどんどん大きくなりました。７～８回くらいの重ね塗りではひびが入ることはありません。

こんな失敗をしたら

何事にも失敗はあります。塗装の場合は失敗しても修正すればいいのです。失敗したと思ったら、その場で塗装は中止し、完全に乾かしてから水研ぎして再出発です。

塗料が流れた

誰もが最初にやる失敗は、厚く塗りすぎて塗料がタラリと流れることです。流れた塗料はそこだけ厚く盛り上がって固まり、すごく目立ちます。裏側はうまく塗れたのに、表側になるとなぜか流れるもの。1ヵ所でも流れたらすぐに塗装は中止して、そのまま1晩乾かしてから修正します。流れた個所を700番の耐水ペーパーで水研ぎします。流れた個所だけを水研ぎするのは不可能なので、その周辺も磨くのはどの修正でも同じです。下地塗装なら、水研ぎして再度下地塗装をします。
中塗りの白は、下地が出るまで磨き、その上に白を塗ります。

流れる原因
ノズルの縦・横を間違える
塗装面に近すぎる
暗くてよく見えない状態で塗る

流れたままで1晩以上乾かす

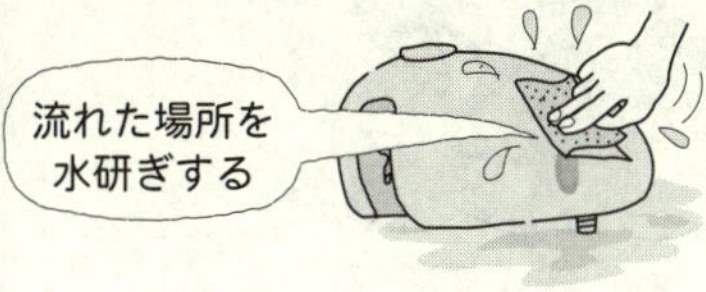
流れた場所を
水研ぎする

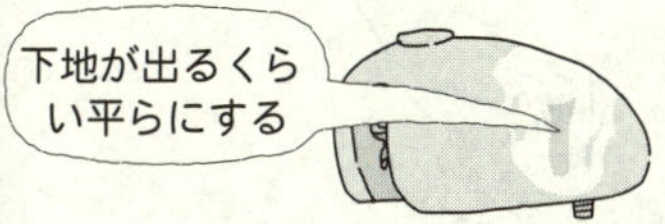
下地が出るくら
い平らにする

前の工程に
戻って再塗装

目的の色を水研ぎすると白や下地が出ますが、水研ぎ部分が小さな面積なら、その上から目的の色を塗ります。面積が大きいなら、中塗りの白を塗ってから目的の色を再度塗ります。
クリヤー塗装は流したくないのですが、流れたらできるだけ目的の色だけを水研ぎして、再度クリヤー塗装をします。
塗装は流れる寸前が最高に輝きます。失敗を恐れず何度でも流しては修正していけば、プロ並みの輝きを出せます。

かぶってしまった

湿気の多い日は表面に白い膜がかかる「かぶり」が出ます。かぶりが出たら塗装は即中止。
そのまま続けて塗装するとかぶりの層が重なって、かぶりを取るために何度も水研ぎをすることになります。
１晩以上乾かしてから表面の白い膜を水研ぎで取ります。濃い色なら水研ぎをしなくても、上に直接塗れば、かぶりは隠れます。
缶スプレー塗装では、晴天を待つ以外にかぶりを防止する方法はありません。再塗装は湿気の少ない日を選びます。湿気があれば何度塗ってもかぶります。

乾いてくると
白い膜が現れる

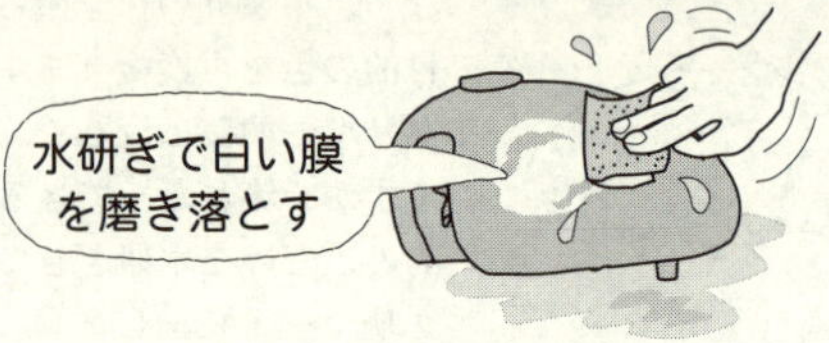
水研ぎで白い膜
を磨き落とす

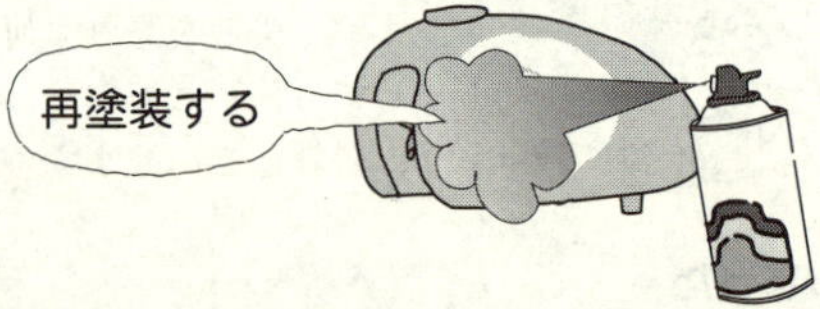
再塗装する

ゴミや虫がついてしまった

屋外では、表面がぬれているとゴミがつくことがあります。取り除いても必ず塗装面に傷がつきます。途中で触って塗料にしわがよったり、落として傷がつくのも同じですが、１晩以上乾かしてから、傷の部分を水研ぎします。水研ぎで周囲まで平らにしてから、再度塗装をします。

塗装中、小さな虫たちが飛んできてとまることがよくあります。この虫を手で取ろうとして、塗装面に触るとひどいことになるので、虫には気の毒ですがそのまま乾かします。
よく乾かしてから虫を取ると小さな足が残りますが、そこだけ水研ぎすればきれいに取れてしまいます。

ゴミがつく
ゴミを取っても傷が残る
水研ぎで修正する
虫や小さなゴミはそのまま乾かす
水研ぎで修正する

ブツブツができてしまった

塗装に油は大敵です。塗装途中に表面を手で触って脂がついたり、油分が残っていると、見事に塗料をはじき、月のクレーターのようなブツブツの輪ができます。何度塗ってもこのブツブツは埋まりません。
ブツブツが出たら塗装はすぐ中止してよく乾かします。ブツブツを水研ぎで磨き取り、さらに食器洗い用の中性洗剤で丸洗いして脱脂します。

油があればすぐにブツブツになる

水研ぎで
平らにする
脱脂をしてか
ら再塗装する

COLUMN

塗装は何度でもやり直せる

手間と時間をか
ければきれいな
塗装ができる

塗装は時間がかかるものと割り切り、トラブルがあったらすぐに塗装を中止します。
そのまま1晩以上乾かして、トラブル個所を水研ぎして修正します。油が心配ならば、食器洗い用の中性洗剤で丸洗いをして脱脂します。
どんな失敗でも修正すれば1つ前の工程に戻れます。何度でもやり直すことができます。そこから再出発し、時間をかけて手抜きのない作業をすれば、初心者でも缶スプレーでプロ並みのきれいな仕上がりが可能です。

オリジナルデザインをつくろう

カラフルなバスやタクシーが多く走っています。それぞれ色を塗り分けたら大変な作業ですが、あの色の正体はカッティングシートと呼ばれる接着剤つきの薄いシートです。カッティングシートを使うと、自分だけのデザインをつくることができます。

カッティングシートとは

切り売り
1枚シート

再塗装しようと、ガソリンタンクやサイドカバーを水研ぎすると、段差があるのがわかります。メーカー名や色違いの帯などは塗装ではなく、たいていはカッティングシートを使っています。ということは、カッティングシートを使ってオリジナルデザインをつくり、クリヤー塗装をする前に貼れば、世界に1台しかないバイクが誕生します。

カッティングシート
を貼ったものが多い

カッティングシートは文具店で手に入ります。長さで切り売り

したり、1枚シートなどいろいろです。揃える用具も特殊なものは必要ないので、気軽に挑戦できます。

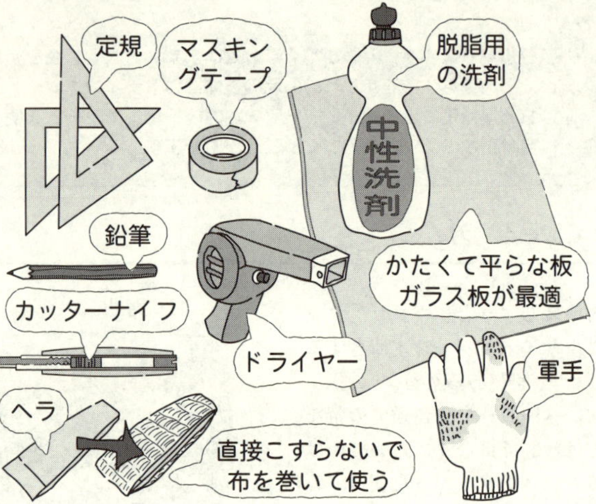
定規
マスキングテープ
脱脂用の洗剤
中性洗剤
鉛筆
カッターナイフ
ドライヤー
かたくて平らな板
ガラス板が最適
軍手
ヘラ
直接こすらないで
布を巻いて使う

原稿をつくる

デザインを決めます。最初から曲線を多用した複雑なデザインはカットが難しいので、単純な構成にします。

色と大きさを決めたら、紙に下書きして原稿をつくります。直線は三角定規《じょうぎ》を使ってピシッと決めます。曲線はコンパスやフ

どんなデザイン
にするか決める
50

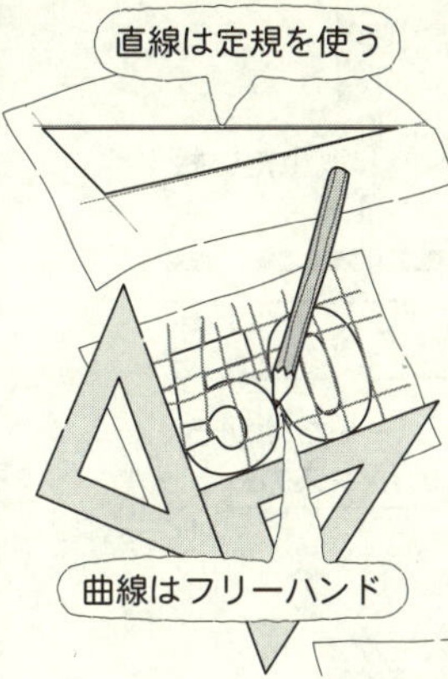
直線は定規を使う
曲線はフリーハンド

リーハンドで描きます。この下書きをコピー機でコピーすれば、縮小・拡大が自在で、雑誌に載《の》っている文字やデザインもコピーして使えるので、どんなデザインでも可能です。

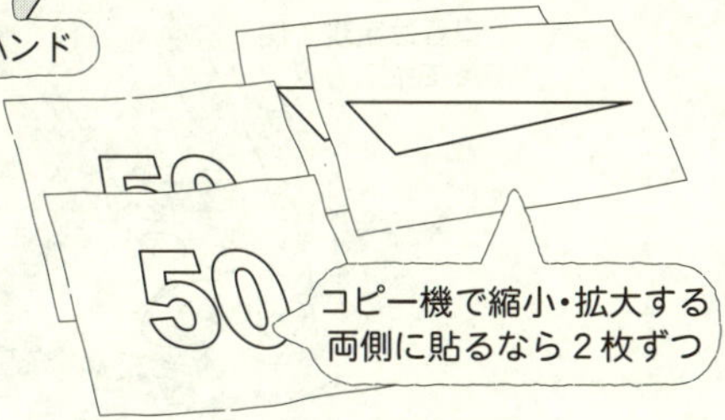
コピー機で縮小・拡大する
両側に貼るなら２枚ずつ

カットする

目的の大きさにした原稿を、カッティングシートの上にのせ、原稿の周りにマスキングテープを貼って固定します。それを平らなかたい板の上にのせて切ります。

カッティングシートは、厚い台紙の上に薄いカラーシートを貼

かたい板
カッティングシート
原稿
マスキングテープで
原稿を仮止めする

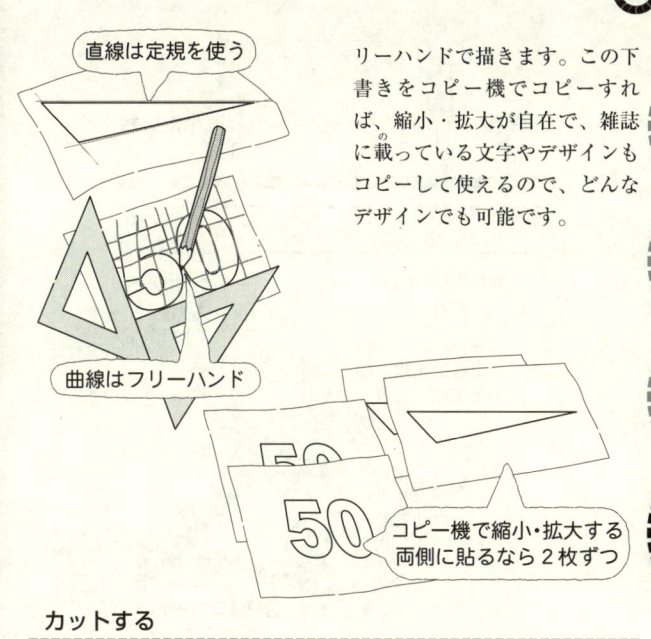

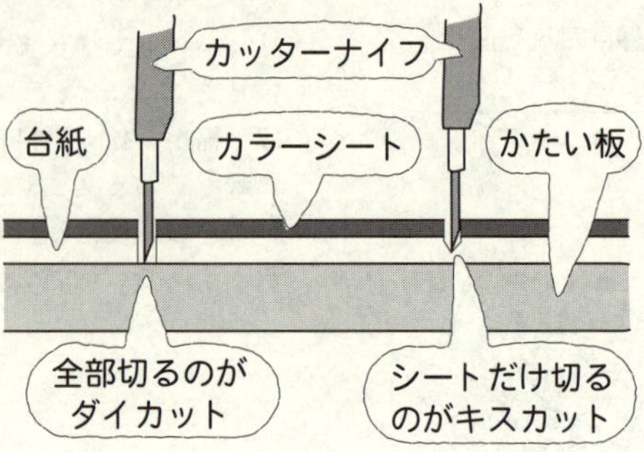
カッターナイフ
台紙
カラーシート
かたい板
全部切るのがダイカット
シートだけ切るのがキスカット

直線は定規を使ってキスカット
曲線はフリーハンドでキスカット

った2層になっていて、2種類の切り方があります。
はさみで切るようにカッティングシートを完全に切るのを「ダイカット」と呼びます。
カラーシートだけを切るために、台紙の厚みを半分くらいしか切らないのを「キスカット」といいます。カッターの刃を下まで通さずに、途中で止めながらカットします。コツをつかめば、難しい切り方ではありません。
直線は定規を使うので切るのも簡単ですが、曲線はフリーハンドで原稿を回したり、体をひねったり工夫してカットします。

上手なはがし方

原稿の上から文字などをキスカットします。原稿を取り、文字以外のカラーシートをカッターの刃ではがします。カッティングシートの白い台紙の上に文字だけが残ります。
次に文字の上にマスキングテープをすき間なく貼り重ねます。さらに原稿の大きさにダイカットして、文字原稿の完成です。

原稿の上から
キスカットする
50

カラーシートだけを取る
文字が残る
キスカット
50

デザインした複雑な形も、同じ方法でキスカットとダイカットでつくります。
これで貼る準備はできました。

原稿をダイカットする
50

全体にマスキン
グテープを貼る
50

文字部分をダイカット
50

貼り込む

クリヤー塗装する前に文字を貼り、その上からクリヤーを塗れば、はがれる心配はありません。貼る面に油があるとうまく接着しないので、貼る前に食器洗い用の中性洗剤で洗って脱脂をし、よく乾かします。
文字の位置を決めるため、文字原稿を貼る面に当てて、上下左右のバランスを見ます。位置が決まったら、その場所で文字原稿の上にマスキングテープを貼って、仮止めします。
仮止めのマスキングテープがはがれないように、台紙をはがして取ると、マスキングテープ側にカラーシートの文字が残ります。
そのまま貼る面に文字を押しつ

先に貼っておく
貼り方は同じ
位置を
決める

マスキングテ
ープで仮止め

台紙をはがす

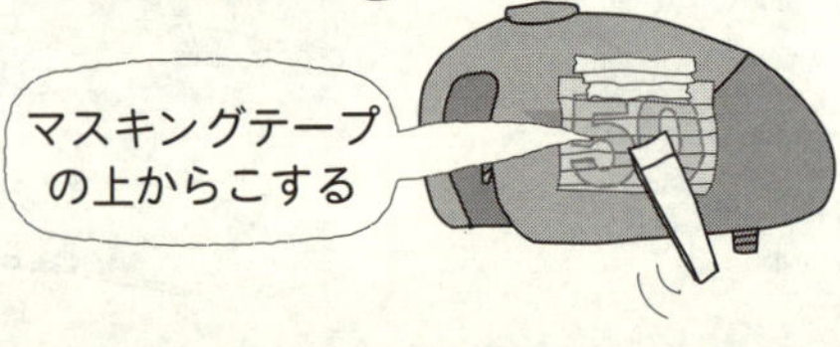
マスキングテープ
の上からこする

け、マスキングテープの上からヘラでこすって文字を密着させます。

次にマスキングテープを順にはがしていけば、文字はピッタリと転写されます。

マスキングテープをはがせば文字は転写される
50

重ね貼りしていけばどんなデザインでも可能
50

広い面積に貼る①

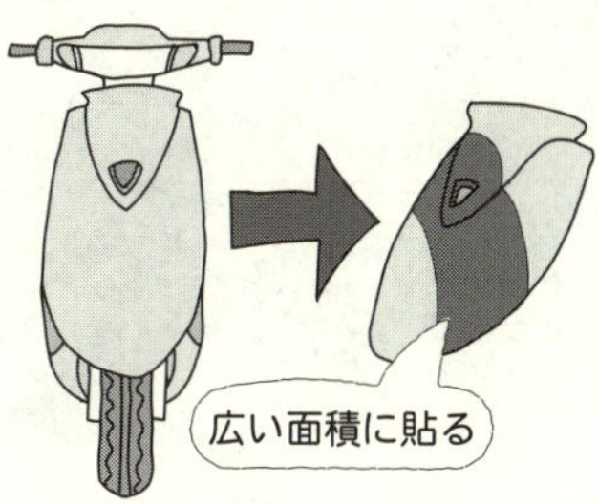
広い面積に貼る

スクーターのカバー類やヘルメットなどの複雑な曲面構成のものは、しわができやすく、広い面積に貼るのはとても難しくなります。細いラインや文字などで練習してから挑戦してください。

まず貼りたい部分の境界に目印になるマスキングテープを貼り

ます。油がついているとカッティングシートは接着しないので、貼る部分を食器洗い用の中性洗剤で洗って脱脂します。カッティングシートは貼る面積より大きくダイカットします。

境界線にマスキングテープを貼る

洗剤で洗って脱脂する
中性洗剤

広い面積に貼る②

貼る個所に細かな水滴がつくように、霧吹きで水をスプレーします。ダイカットしたカッティングシートは台紙からはがして、裏側の接着面にも水をたっぷりスプレーします。

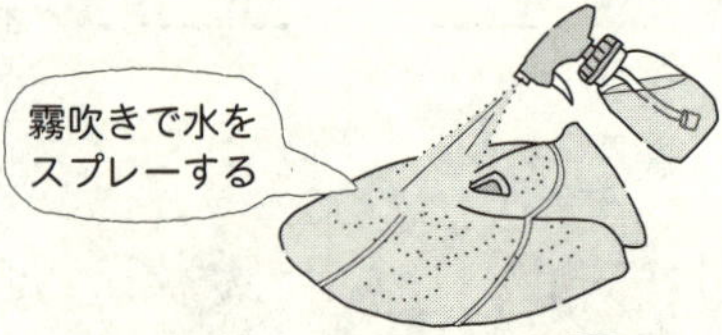
霧吹きで水をスプレーする

シートの裏側にもたっぷりスプレーする

カラーシートを貼る個所に当てます。スプレーした水が間に入るので、シートの接着力はなく自由に動かして位置を決めます。

位置が決まったら、真ん中から上下左右に放射状に布を巻いたヘラでこすります。ヘラで水を追い出すようにすれば、その部分の水が逃げて接着します。凸凹があるときは、凸部の高い部分から水を追い出します。
中央から四方に向かって、しわが残らないように、空気が残らないように、ヘラでこすりながらシートを接着させます。この作業は急いではいけません。少しずつ確実に接着していきます。

水で接着しないのでシートを動かして位置を決める
中央から水を押し出しながら貼る
高い個所があれば、そこから貼る
マスキングテープの凸部が出る

広い面積に貼る③

全体を貼り終わると、大きめに切ったシートに余りが出ます。形に合わせてカッターナイフで切り取ります。
この余りは曲線部に貼ることが多く、そのままではしわができます。しわになる部分はシートに切り込みを入れて、シートを

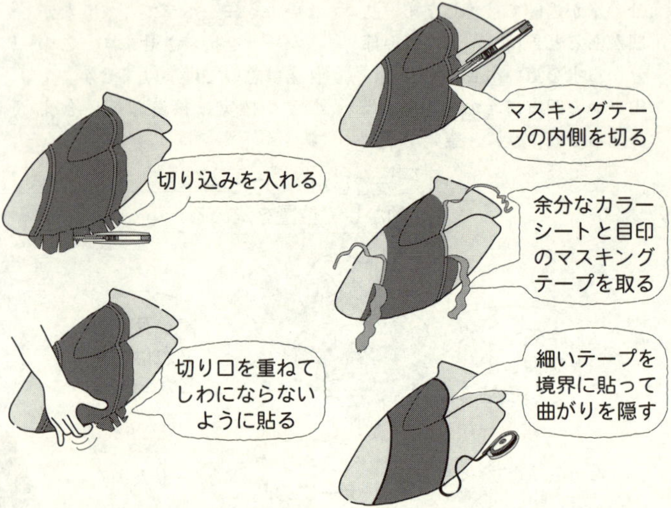
マスキングテープの内側を切る
切り込みを入れる
余分なカラーシートと目印のマスキングテープを取る
切り口を重ねてしわにならないように貼る
細いテープを境界に貼って曲がりを隠す

貼り重ねてしわがないように処理します。

目印に貼ったマスキングテープは、上にシートを貼ってもその部分は盛り上がっています。テープの線に沿ってカッターナイフで切ります。曲面になるので定規は使えず、フリーハンドで切ることになります。きれいには切れないものですが、切り口の上に細いテープを貼れば隠せるので、少しくらい切り口が曲がっても、気にしないで切ります。

広い面積に貼る④

エアダクトなどの穴やビス止めの小さな凹みがある場合は、最初にシートを貼るときにこの穴は無視して、全体にベタ貼りします。
貼り終わってから、穴の形どおりに半分以上カッターナイフで切り込みを入れ、穴の中にシートを押し込んで貼ります。複雑な穴の中の曲線はしわができやすくうまく貼れませんが、切り込みを入れたりドライヤーで温めてシートを伸ばします。
シートはドライヤーの温風で伸びるので、複雑な曲面に貼るときは必需品です。

押し込める形まで切る
ドライヤーで伸ばしながら押し込んで貼り余分は切る
足りない部分はあとから貼る

COLUMN

貼り込みのトラブルSOS

カッティングシートは色も形も大きさも自由になるので、とてもおもしろい素材で、オリジナルデザインの強い味方になります。でも、薄いシートを上手にあやつるにはかなりの経験が必要で、トラブルもいろいろあります。

いちばん多いのは、接着面とシートの間の空気が抜けず、ニキビのようにプクンとしたふくれが残ることです。ふくれの空気を抜けばいいのですが、ふくれている山の頂上に穴をあけるのではなく、山のふもと部分にカッターの

空気が出ないと
ふくらみが残る
シート同士が接着
してしわになる
穴に向けて空
気を追い出す
この位置に
穴をあける
シートをはがして
からシート同士を
はがして貼り直す

刃先や針で穴をあけます。その穴から少し離れたところから指やヘラで空気を押し出します。一度で抜けなければ、数度穴をあけ直して空気を抜きます。

シート同士が貼りついてしわになることもあります。まずシートを接着面からはがしてから、貼りついたシート同士をはがして貼り直します。

シートや接着面にゴミがついていると、そこだけゴミの形にふくれます。これもシートをはがしてから、水で洗ってゴミを取り、貼り直します。

ゴミがついていると
ボツボツにふくらむ

シートをはがし
水で洗ってゴミ
を取り貼り直す

大成功！

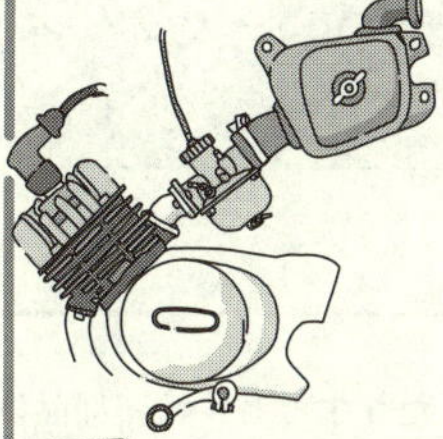

第5章

性能をより高めるために

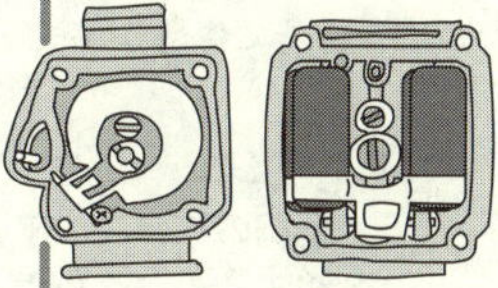

キャブレターのオーバーホール

キャブレターの不調で加速がにぶったり、最高速度が落ちた場合、キャブレターのオーバーホールをすると劇的に調子が回復します。キャブレターのオーバーホールは意外と単純な作業です。
車種によっては別物に見えるキャブレターですが、中身の形や位置が少し違うだけで、仕組みはどれもほぼ同じなのでオーバーホールの方法も同じです。

必要な用具

キャブレターのオーバーホールとは、分解してキャブレター内部を掃除することです。手のひらにのる小さなキャブレターの分解には、それに合う小さな工具類も必要になります。
合わない工具で無理に締めたりゆるめたりすると、精密部品に傷がついて、性能に影響が出ます。

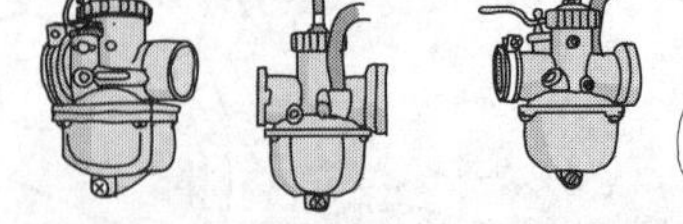
50ccクラスなら
形は違っても中
の構造は皆同じ
ようなもの

極細のプラス・マイナスドライバー
スパナ類
6～8㎜
ノズル
キャブレタークリーナー
ラジオペンチ
ブラシ
ボロ布

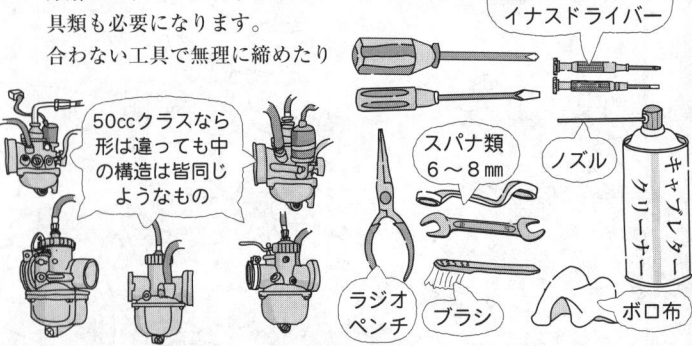

キャブクリーナーなどの名称で缶スプレーが市販され、初めての人でもオーバーホールが可能になりました。

キャブレターをはずす

キャブレターは完全に分解するので、ガソリンコックをＯＦＦにしてからキャブレターを車体からはずします。
まず、ガソリンホースやオイルホースをはずします。ホースを

コックをＯＦＦにしてガソリンを止める
ON
OFF
RES
スクーターに多い負圧コックは何もしない
隠れている

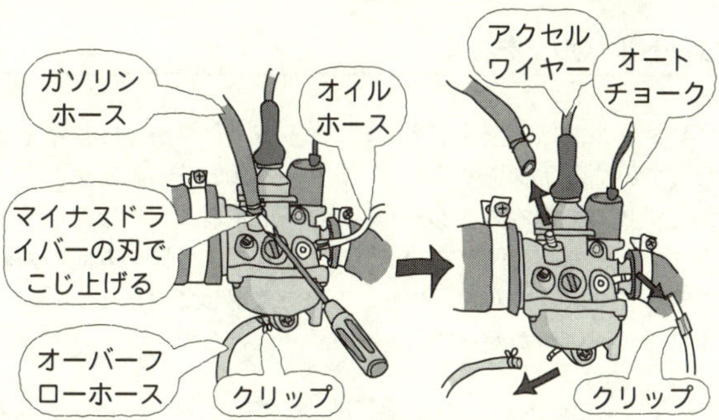
ガソリンホース
オイルホース
マイナスドライバーの刃でこじ上げる
オーバーフローホース
クリップ
アクセルワイヤー
オートチョーク
クリップ

持って引き抜こうと引っ張ると、力を入れるほどホースは細く締まって抜けません。クリップをこじ上げてから、ホースとキャブレターのすき間にドライバーを入れて、ホースをこじ上げます。

キャブレターはエンジンとエアクリーナーボックスの間に、バンドやビスで固定されています。

ビスやリングをゆるめただけでは、狭い空間に押し込められているキャブレターは、簡単に取れない車種が多く、無理に引き抜くとパッキングなどを傷つけてしまいます。エアクリーナーボックスをはずせば、キャブレターは簡単にはずせます。

アクセルワイヤーやチョークワイヤー、配線などをはずします。

ビスやバンドをゆるめる

ボックスを取ると、はずすのも組むのも楽
マニホールドをはずすときもある

スロットルバルブを抜く

キャブレター頭部は、全体がネジになっていて、ネジをゆるめる形式と、ビスをゆるめる形式があります。どちらも頭部をゆるめてそのまま引き抜くと、アクセルワイヤーにつながってスロットルバルブが抜け、キャブレター本体と分かれます。

スロットルバルブには前後があり、組むときも同じ方向に入れるので確認しておきます。

頭部をゆるめて引き抜く
ビス
リターンスプリング
スロットルバルブ
ニードル

スロットルバルブを取る

アクセルワイヤーからスロットルバルブをはずします。

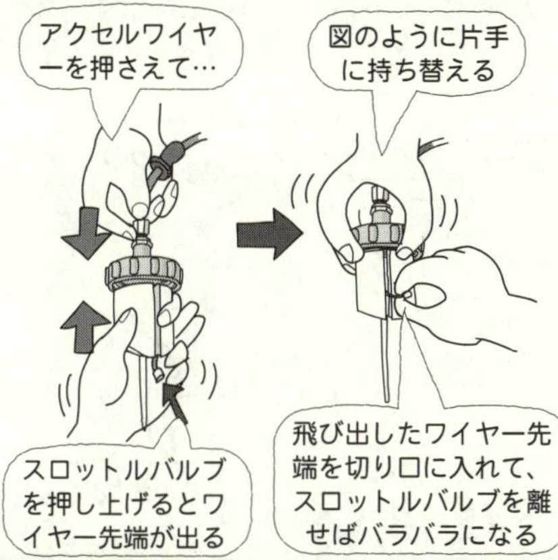
アクセルワイヤーを押さえて…
図のように片手に持ち替える
スロットルバルブを押し上げるとワイヤー先端が出る
飛び出したワイヤー先端を切り口に入れて、スロットルバルブを離せばバラバラになるアクセルワイヤーを片手で固定して、スプリングを縮めながらスロットルバルブを押し上げると、アクセルワイヤーの先端がスロットルバルブの下側から少し出てきます。
その先端をスロットルバルブにある切り口に沿って持ち上げ、押さえていた手をゆるめると、アクセルワイヤーがはずれて、すべての部品がバラバラになります。
パッと手を離すとリターンスプリングが伸びて部品が飛び散るので、ゆっくりとやってください。

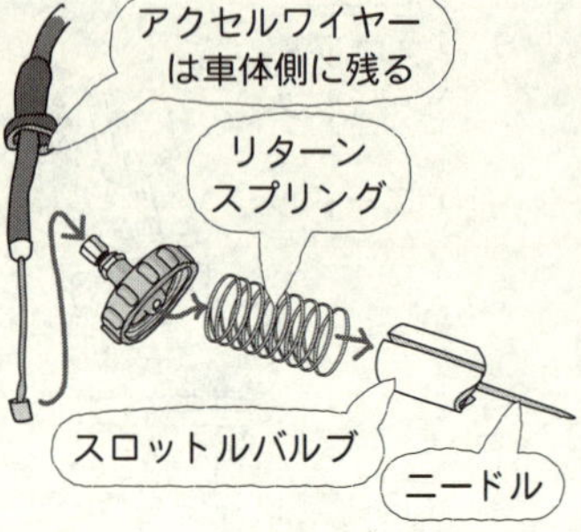
アクセルワイヤーは車体側に残る
リターンスプリング
スロットルバルブ
ニードル

ニードルを取る

スロットルバルブの真ん中には棒が1本入っていて、これがニードルです。

ニードルはスプリングで押さえられています。スプリングにはワイヤーの通り道の切り口があ

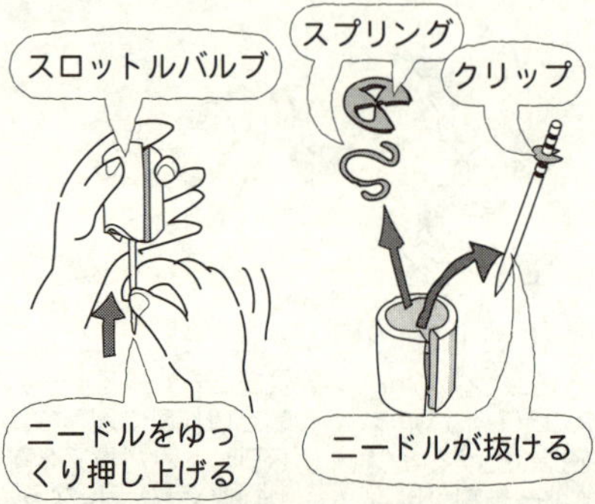
スロットルバルブ
スプリング
クリップ
ニードルをゆっくり押し上げる
ニードルが抜ける

るので、位置と方向を確認しておきます。
ニードルを押し上げると、中のスプリングと一緒に押し上がってニードルが抜けます。
ニードルには５段の切り込みがあり、だいたいは３段目にクリップが入っています。このクリップの位置でエンジンの調子は変わりますが、今まで調子よく走っていたのなら、そのままにしておきます。
これでスロットルの分解は終わりです。小さな部品はなくさないようにまとめておきます。

チョークをはずす

キャブレター本体は、まずチョーク部分をはずします。スクーターにはオートチョーク機構があり、配線がつながっています。オートチョークはビスをゆるめてはずすだけで、これ以上は分解しません。
ワイヤーやレバーで動かすチョークは、いろいろなはずし方がありますが、ほとんどがナットをゆるめれば抜けるタイプです。今まで正常にチョークが作動していたら、チョークの分解はこれ以上必要ありません。

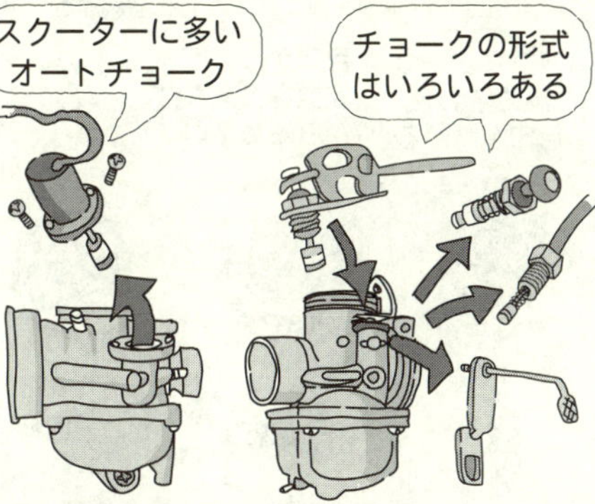
スクーターに多い
オートチョーク
チョークの形式
はいろいろある

スクリューをはずす

本体外側にある２本のネジ、アイドルスクリューとエアスクリューを抜きます。アイドルスクリューはアイドリング回転を決める、エアスクリューは燃料と空気の混合比を微調整するという大事な役目があり、組むときも同じ位置にしないとエンジン回転がメチャクチャになります。両スクリューが何回転で締められているか、回転数を確認することが必要です。

回転数を調べるために、スクリューを抜く前に現在の位置を確認します。スクリューの溝《みぞ》と、本体に目印をつけます。そこからスクリューをゆるめるのではなく、逆に締め込んで、何回転で最後まで締まったかメモします。

この回転数は各車違うので、１回転と$\frac{2}{3}$とか１回転と$\frac{3}{4}$とか、できるだけ正確にメモします。両スクリューの回転数がわかっ

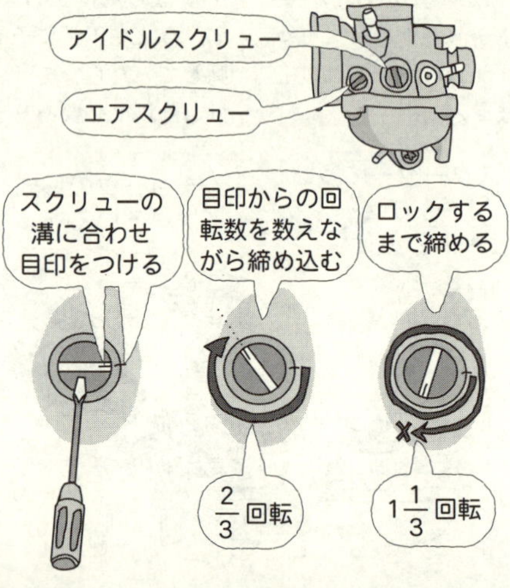
アイドルスクリュー
エアスクリュー
スクリューの溝に合わせ目印をつける
目印からの回転数を数えながら締め込む
ロックするまで締める
$\frac{2}{3}$回転
$1\frac{1}{3}$回転

たら、２本ともゆるめて抜き取ります。スクリューにはスプリングが入っていたり、ゴムのO《オー》リングも入っていることがあるので、それぞれの配置や位置をメモします。

締め込んで回転数を確認してからスクリューをはずす
エアスクリュー
アイドルスクリュー

①キャブレター本体の分解

フロート室をゆるめる

チョークとスクリューを取ると、外側からはずす部品はなくなります。キャブレターを逆さにして、フロート室を止めている４本のビスをゆるめます。このとき、締めたりゆるめたりするときの鉄則「対角線上を交互に」を忘れずに。ガソリンが内部に残っているとこぼれ出ますが、気にせず進めます。

ビスを取っただけでフロート室がゆるめばいいのですが、ほとんどはかたくて動かないはずです。その場合は、フロート室の周りをドライバーの柄《え》で軽くたたいてショックを与えてゆるめ

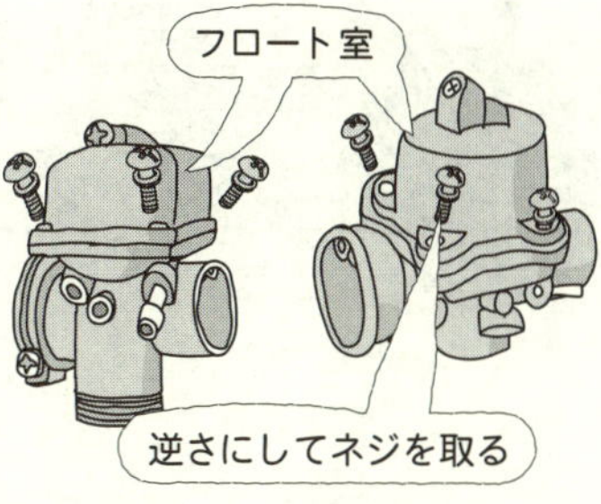
フロート室
逆さにしてネジを取る

ます。
フロート室がゆるんだからと強引にはずしてはいけません。本体とフロート室の間にゴムのOリングやパッキングが入っています。パッキングは両方に貼りついている場合が多く、強引にはがすと切れてしまいます。
パッキングは再使用するので、ゆるんですき間ができたら、片方のパッキングに傷がつかないよう、カッターナイフなどではがします。

ドライバーの
柄で軽くたた
いてゆるめる
貼りついている
パッキングが破
れないように片
方をはがす

フロート室を取る

パッキングがはがれたら、逆さにしたままフロート室を真上に上げて取ります。このときに引っかかる感じがあったら、無理に抜かないこと。抵抗なく抜ける位置があります。
なにやら部品がぎっしり詰まっている本体は、落としたり傷をつけると壊《こわ》れてしまうので、ていねいに扱います。フロート室にはこれ以上はずすものはありません。

まっすぐ上に抜く
フロート室に
は取るものは
何もない
パッキング
オーバーフ
ロー用パイプ

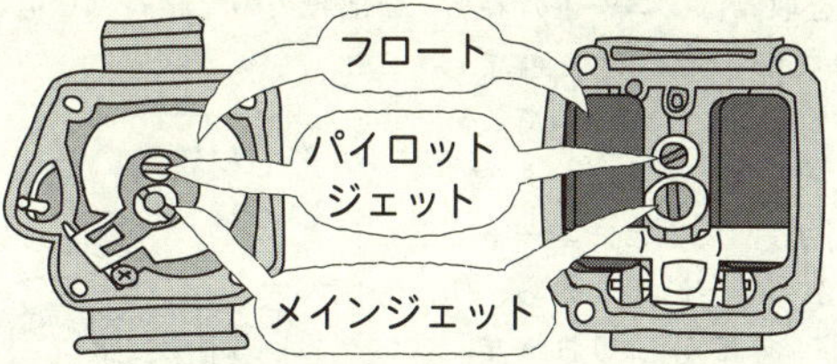
フロート
パイロット
ジェット
メインジェット

フロートとニードルバルブを取る

キャブレター内のいちばん大きな部品フロートは、1本のピンを支点に上下動します。そのピンを抜けばフロートは取れます。ピンはビス止めと、押せば抜ける構造があり、ラジオペンチなどでピンを抜きます。

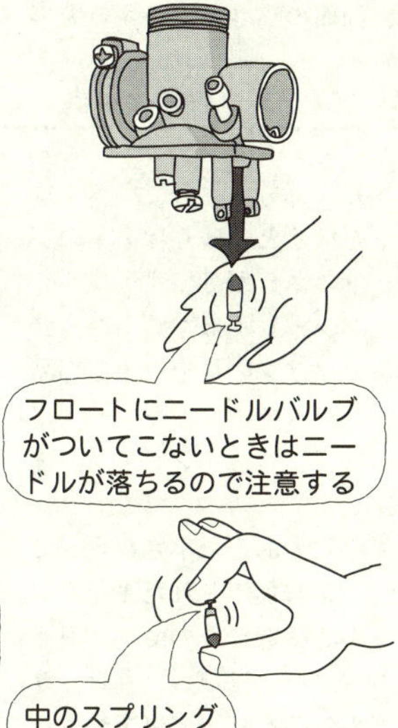
フロートにニードルバルブ
がついてこないときはニー
ドルが落ちるので注意する
中のスプリング
で上下動する

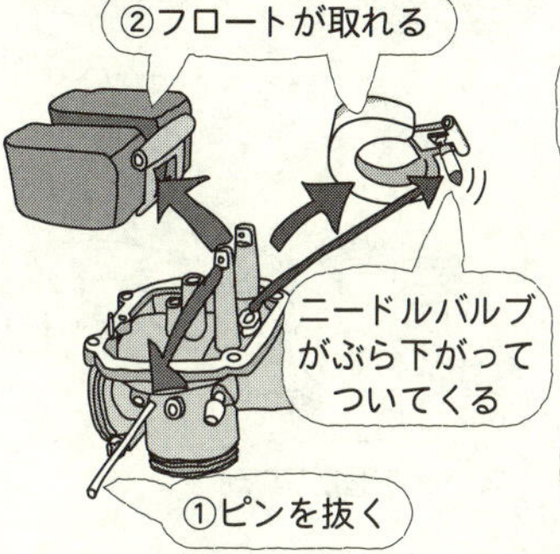
②フロートが取れる
ニードルバルブ
がぶら下がって
ついてくる
①ピンを抜く

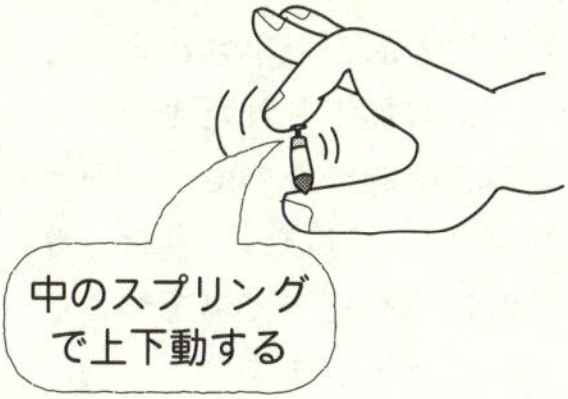

フロートを取れば、ニードルバルブがつながって抜けてきます。ニードルバルブがついてこないタイプでは、キャブレターを正常な位置に戻すと、ニードルバルブが落ちてきますから、手を下側にあてがっておきます。
フロートにはニードルバルブを押し上げる〝ベロ〟がありますが、油面の高さを調整する大事な部分なので絶対にいじらないこと。

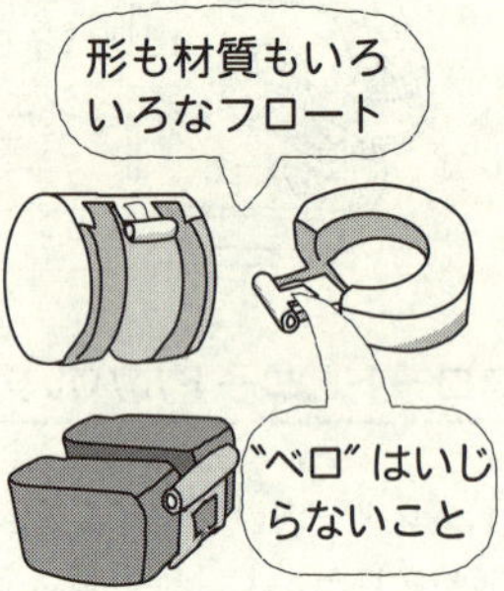
形も材質もいろいろなフロート
〝ベロ〟はいじらないこと

メインジェットをはずす

全体の大部分を占めているフロートを取ると、残りは2本のジェットのネジだけです。
メインジェットはエンジン内に送るガソリンの量を決める部品で、レースでは天候やコースによって、このメインジェットを交換します。
小さな穴のあいた小さなネジですが、精密加工されたキャブレターの心臓部分なので、スパナやドライバーはぴったり合うサイズのものを使って傷をつけないようにはずします。

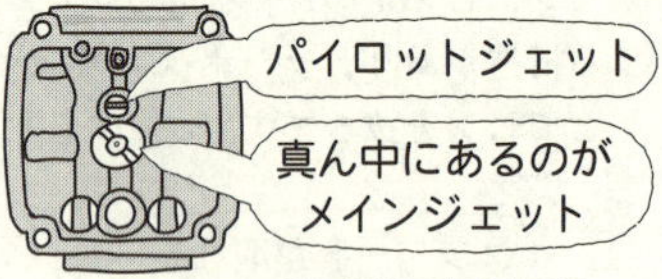
パイロットジェット
真ん中にあるのがメインジェット

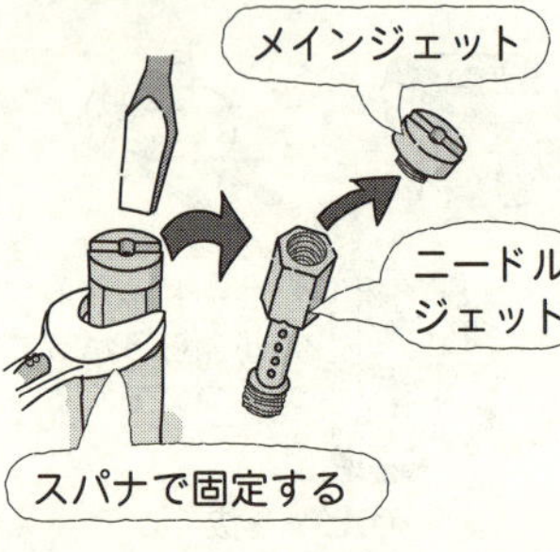
メインジェット
ニードルジェット
スパナで固定する

ゆるめるときの力も覚えておきます。かなり弱い力でゆるむと思いますが、取り付けて締めるときもその弱い力で締めればOKです。

パイロットジェットをはずす

パイロットジェットはメインジェットよりもさらに小さなネジです。ネジの頭が小さな穴の奥に隠れているタイプが多く、極《ごく》細《ほそ》のドライバーでないとゆるみません。キャブレター分解では極細ドライバーは必需品です。各ジェット類が取れれば、もうこれ以上はずすものはありません。

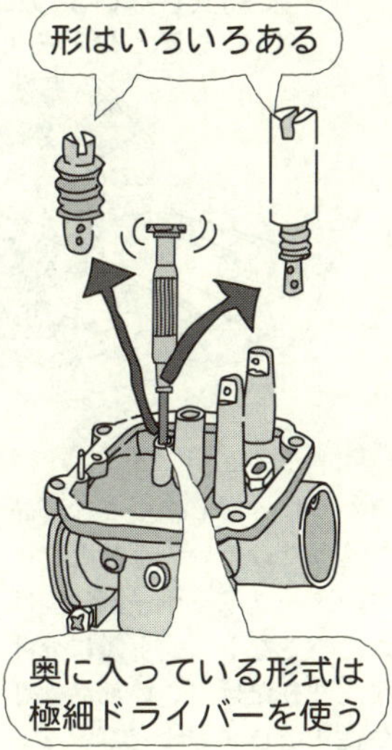
形はいろいろある
奥に入っている形式は
極細ドライバーを使う

中型車に多い、負圧を利用する形式や大型車のキャブレターは、このほかにも部品がついていてもっと複雑な構造になっています。50ccクラスのキャブレターのオーバーホールを何度か経験すれば、基本的な構造は同じなので、難しくはありません。

2 部品の洗浄と貫通

部品を洗う

小さな部品も多いので紛失しないようにいつもまとめておく
部品の移動も決めた容器にする

バラバラに分解した小さな部品は、洗うだけでいい部品と、キャブレタークリーナー液につけておく小さなジェット類に分けます。洗うだけでいい部品は灯油で洗えばＯＫです。
ジェット類だけはまとめてフロート室に入れ、キャブレタークリーナーをたっぷり吹き込んで液をため、その中につけておきます。

キャブレタークリーナー
半分以上液をためる
メインジェット、パイロットジェットをつける

灯油
キャブレタークリーナー
ジェット類以外は灯油で洗い、最後にキャブレタークリーナーをかけておく

穴を貫通させる

これからがオーバーホールのメインです。キャブレターにあるすべての穴という穴を、キャブレタークリーナーを吹いて貫通させます。
以前はコンプレッサーの高圧エアを吹き込んで穴を貫通させていましたが、今はキャブレタークリーナーで代用できるようになりました。キャブレタークリーナー液が汚《よご》れを溶かし、エアがゴミを押し出すので、誰でもオーバーホールができるようになったのです。
キャブレター本体には外側、内側に多数の穴があります。この穴にキャブレタークリーナーのノズルを入れて噴射します。穴はどこかに通じています。どこかにある出口から液が噴出すればＯＫです。とにかくすべての穴という穴にノズルを入れて噴出させてください。
出口の穴が詰まっていたり、ゴ

ミがついていると吹き返しが強いので、何度も噴射して穴を貫通させます。

キャブレタークリーナー
すべての穴に吹き込んで貫通させる
キャブレタークリーナー
どこかに出口がある

ジェット類を貫通させる

フロート室につけおきしたジェット類は、付着していた汚れやゴミが溶けているはずです。取り出してキャブレタークリーナーで穴を貫通させます。小さい穴がアチコチにあいているので、そのすべてが貫通するように、指で貫通させる穴以外を押さえたりして、それぞれを貫通させます。貫通していれば穴をのぞいてもわかります。

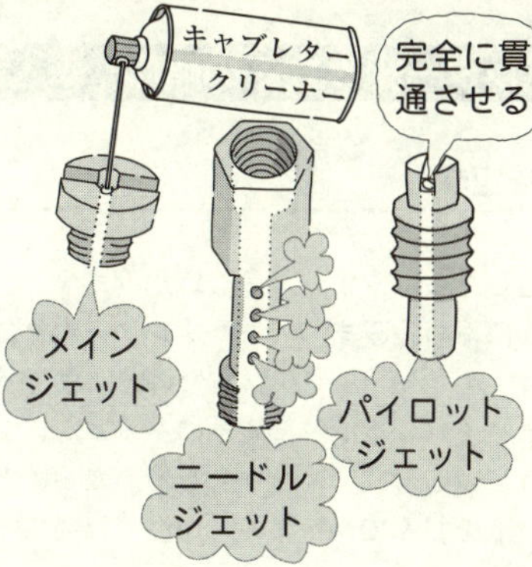
キャブレタークリーナー
完全に貫通させる
メインジェット
ニードルジェット
パイロットジェット

COLUMN

ガンコな穴には細い針金《はりがね》を使う

今まで走っていた状態のキャブレターなら、キャブレタークリーナーだけでもきれいになります。でも、長い間エンジンをかけずに放置されていたキャブレターは、穴の中にかたい異物が詰まっていて、キャブレタークリーナーでも取れない場合もあります。

こんなときは細い針金を通します。でも、穴に傷がつくため、最後の手段ということで、あまり使いたくはない方法です。

穴に傷をつけるとエンジンの調子が狂う
穴より細い針金で強引に通す

③ キャブレター組み立ての順序

①ジェット類を組む

すべての穴が貫通したら、ジェット類を元どおりに締め込みます。
メインジェットとパイロットジェットが別になっている形式では、先に両ジェットを組んでから締め込みます。
キャブレター本体はやわらかい材質なので、強く締めすぎると簡単にバカネジになります。もう少し締めたい、と思うくらいの力加《か》減《げん》で締めます。

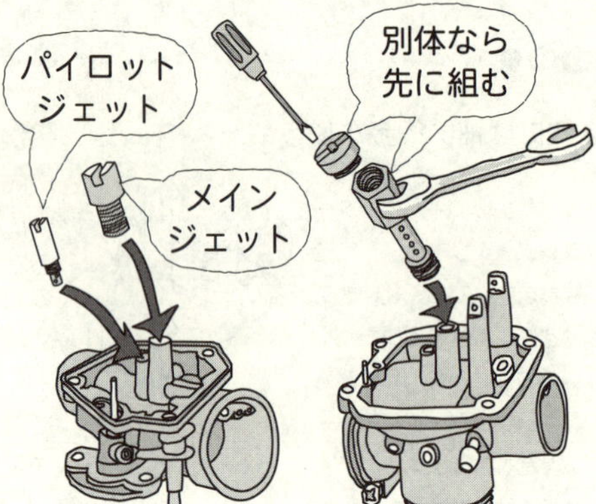

②フロートを組む

次はフロートの番です。先にニードルバルブを入れてから、元の位置にフロートを置き、ピンを通してフロートを止めます。ピンを入れたらフロートが下になるように裏返して、軽くフロートを指で押し上げます。そのとき〝ベロ〟に押さえられているニードルバルブも、一緒に上下します。

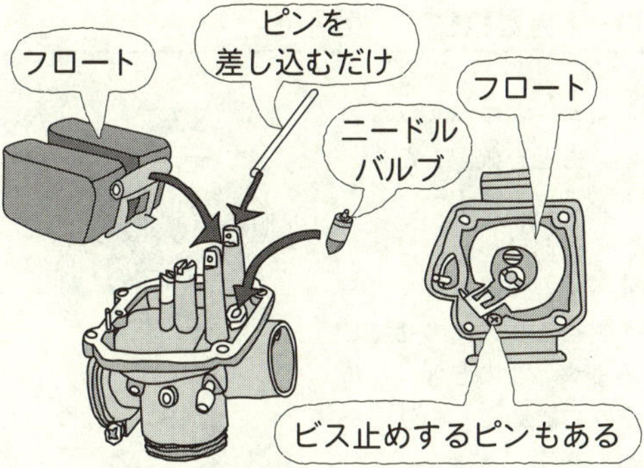
フロート
ピンを
差し込むだけ
ニードル
バルブ
フロート
ビス止めするピンもある

フロートが軽く
上下することを
確認する

ニードル
バルブ
フロートが下がると
ニードルバルブも下
がることを確認する

スムーズにフロートが上下すればいいのですが、動きがぎこちなかったり、引っかかりがあるときは原因を探《さが》します。ピンに傷があったり曲がっていると動きがにぶくなります。組み立てを無理した場合もあるので、再分解して組み直します。

③フロート室を組む

フロートもニードルバルブも軽く上下することを確認したら、フロート室を組みます。
フロートを上側にして、パッキングを元の位置に置き、フロート室をかぶせるようにのせてビスを締めます。このとき「対角線上に交互に締める」の鉄則を守って締めます。

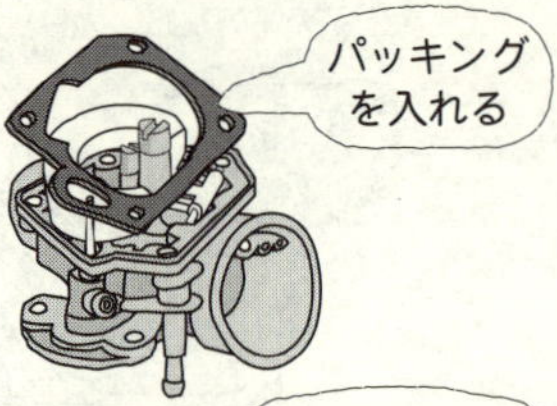
パッキング
を入れる

フロート室を
上からかぶせる

④チョークを組む

チョークも元どおりに組みます。スクーターはオートチョークなので、はずしたその状態で組むだけです。チョークの配線がはずれずに、車体側にチョーク本体が残っている場合は、キャブレターをエンジンにつけてからチョークを組みます。

チョークをつける

⑤スクリューを組む

アイドルスクリューとエアスクリューを組みます。どちらのスクリューも、まずはかたくなるまで締め込みます。いっぱいに締め込んだら、はずすときにメモした回転数だけゆるめます。これで、はずす前の回転位置になります。この位置は重要なので、分解する前に必ず回転数をメモしておくこと！
これでキャブレター本体の組み立てはＯＫです。

エア
スクリュー
アイドル
スクリュー
いっぱいに
締め込む
メモした回転数ゆるめる

⑥スロットルバルブを組む

アクセルワイヤーにスロットルバルブを組みます。
スロットルバルブにニードルを通して、スプリングで押さえます。このときスロットルバルブの切り口を、スプリングがふさがないようにします。

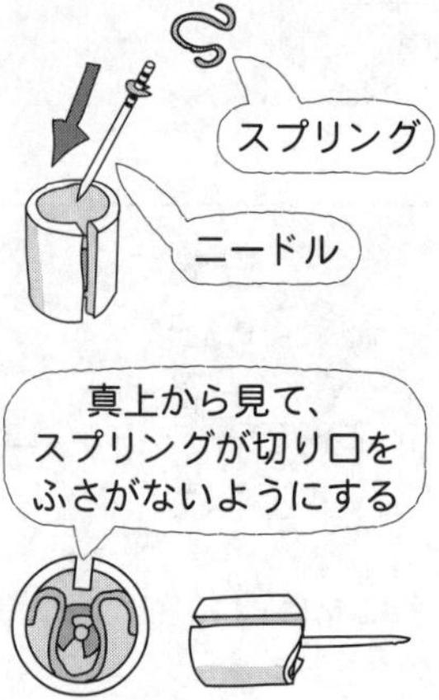

アクセルワイヤーにキャップとリターンスプリングを通し、リターンスプリングを指で縮めて持ち、ワイヤー先端をスロットルバルブの下側の切り口に入れます。

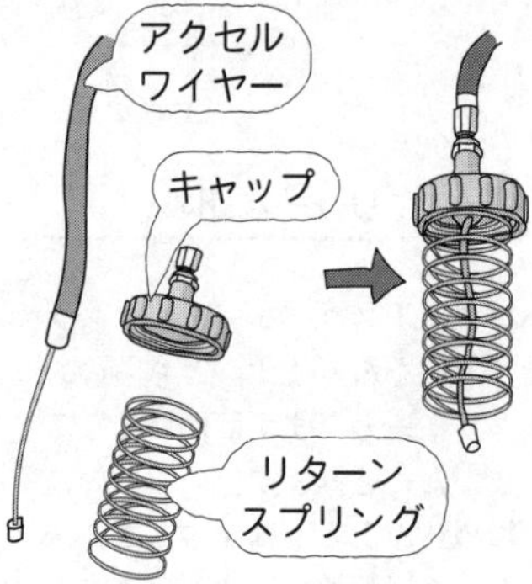

切り口に沿ってワイヤーをスロットルバルブ内に入れ、リターンスプリングを離すと、分解する前の状態になります。

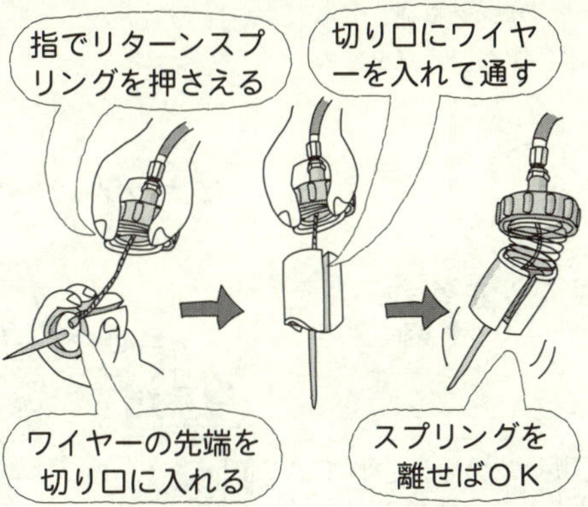
指でリターンスプリングを押さえる
切り口にワイヤーを入れて通す
ワイヤーの先端を切り口に入れる
スプリングを離せばＯＫ

⑦スロットルバルブを組み込む

スロットルバルブの入り方は決まっていて、その位置以外は入らないようになっています。
入る位置を確かめてから、上から垂直に入れていきます。本体と合っていればそのままストンと落ちるように入ります。
少しでも引っかかったり、途中で止まったら、少し引き上げてから左右に回したり、軽く上下させたりして、ストンと落ちる位置を探します。
スロットルバルブが落ちたら、

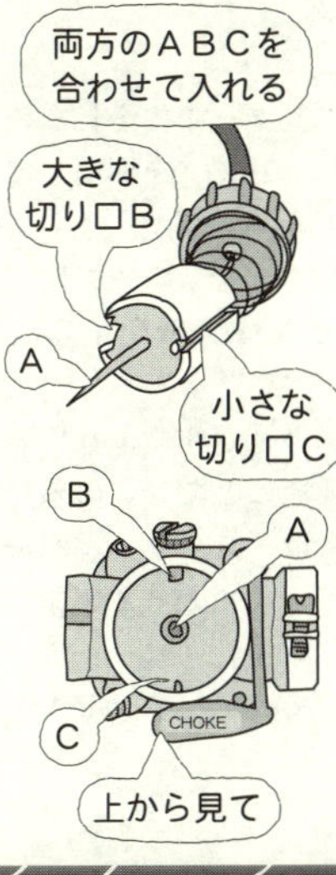
両方のＡＢＣを合わせて入れる
大きな切り口Ｂ
A
小さな切り口Ｃ
B
A
C
CHOKE
上から見て

リターンスプリングを押して縮めながら本体頭部のネジを締めます。

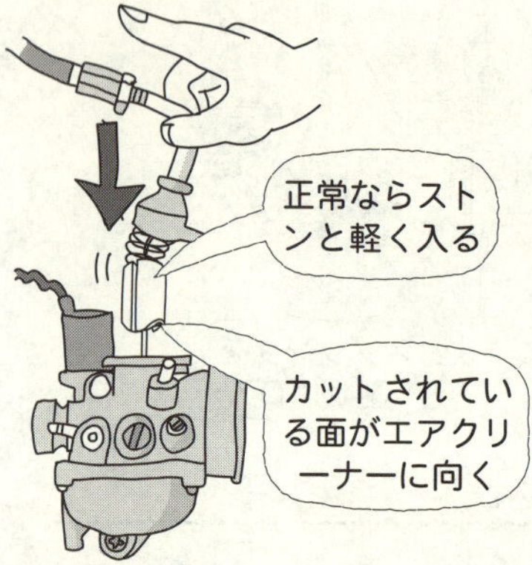
正常ならストンと軽く入る
カットされている面がエアクリーナーに向く

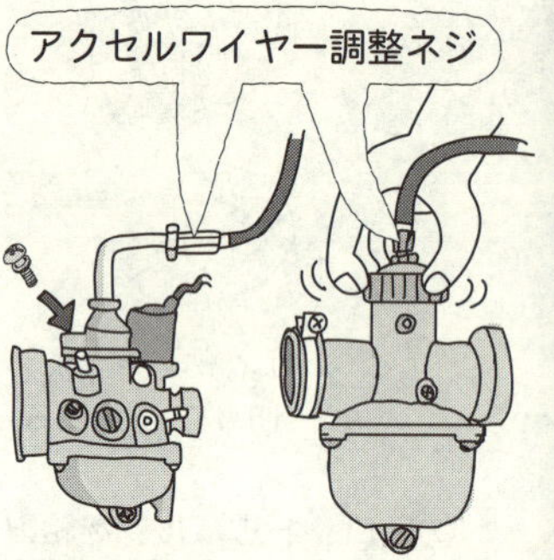
アクセルワイヤー調整ネジ

キャブレターの中を見ながらアクセルグリップを開閉して、スロットルバルブが上下するのを確認します。スムーズに上下しないときは、再度組み直します。

ストンと音がするように入るのは重要なことで、この感覚がない場合は、スロットルバルブが完全に下まで入っていないことがあります。スロットルバルブが浮いていて、アクセルが少し開いた状態になっているので、エンジンをかけると高い回転のままで、アイドリング状態になりません。この場合は頭部のアクセルワイヤー調整ネジをゆるめて、スロットルバルブが完全に落ちるように調整します。

ここで残っている部品は、キャブレター本体をエンジンに取り付ける部品だけです。ビスや部品が余っているなんてことはないでしょうね？

ここまで準備ができたら、キャブレターをエンジンに取り付けます。

中がよく見える
アクセルを動かすと
スロットルバルブも
連動して上下する

④ キャブレターをエンジンに取り付ける

本体の取り付け

オーバーホールのすんだキャブレターは、はずしたときと逆順序でエンジンに取り付けます。エアクリーナーボックスをはずしてあれば簡単につきますが、それ以外はかなり狭い空間です。

最初にエアクリーナーホースに本体を押し込みます。ゴムホースはやわらかいので、本体を強く押してすき間をつくってから、エンジン側に取り付けます。

強く押し込む
と少しすき間
ができる

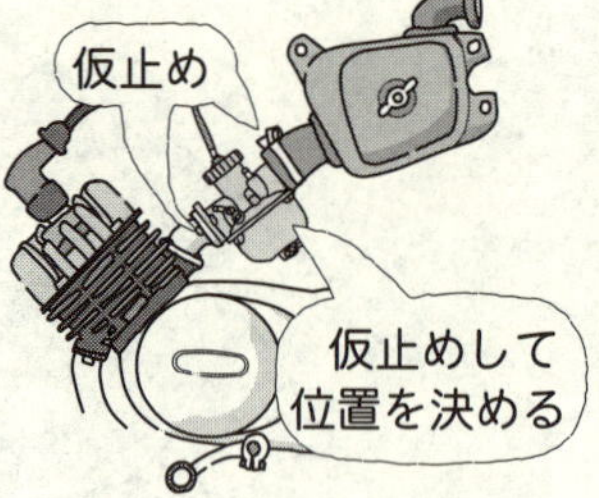
仮止め
仮止めして
位置を決める

クランプを締める

本体を組むときは狭い空間も、取り付ければユルユルなので、水平位置についているか、ガスケット類は正常に入っているかを確認します。
エアクリーナーホースのクランプを締めるときは注意点があります。ゴムホースはいくらでも締めることができますが、締めすぎはトラブルになります。まだまだ締まるくらいゆるくても、キャブレターを動かしてみて、ゴムホースからもゆるまず固定されて一緒に動くなら、そこまででＯＫです。

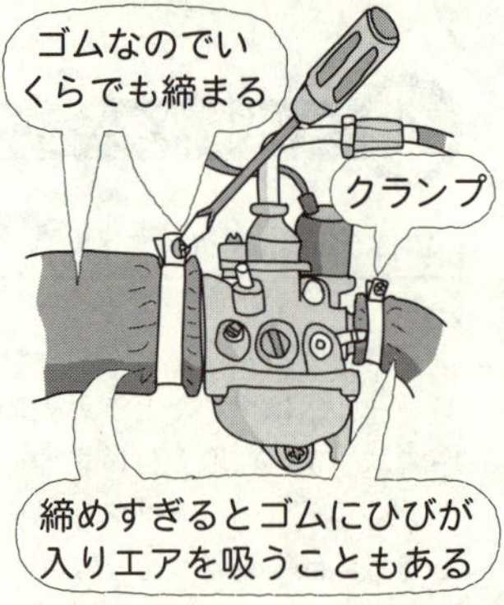
ゴムなのでい
くらでも締まる
クランプ
締めすぎるとゴムにひびが
入りエアを吸うこともある

ホース類をつける

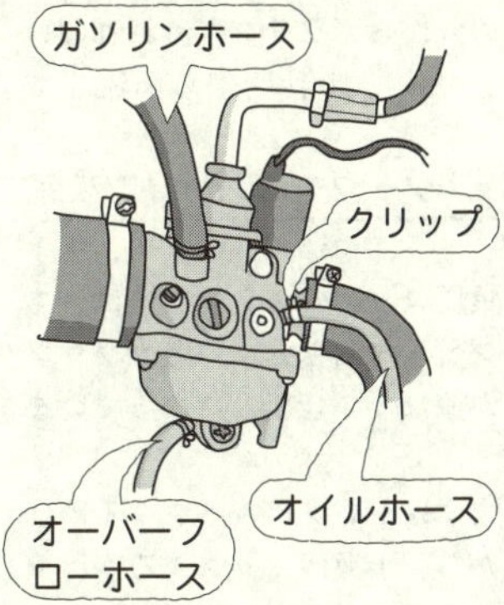
ガソリンホース
クリップ
オイルホース
オーバーフ
ローホース

ガソリンホース、オイルホース、オーバーフローホースをつけます。
差し込むホースの先端が広がっていたら、カッターナイフなどで、少し先端部を切り落としてからつけます。さらに、ホースを止めるクリップを元の位置にしっかり戻せば完了、のはずですが、じつはまだとても大事な調整が残っています。

5 調整して仕上げる

ガソリンを流す

コックをONに
してガソリンが
流れ出ればOK
ON
OFF
ドレン
ボルト
ドレンボルト
はゆるめるだ
けでもいい

アイドルスクリューとエアスクリューを分解する前の回転数と同じに組めていたら、調整は簡単です。
ホース類のクリップやクランプの固定を再確認し、ガソリンがタンクにあることを確認してから、ドレンボルトをゆるめます。コックつきならONかRE

Sにして、ガソリンをキャブレターに送ります。ドレンボルトの穴からガソリンが流れればOKです。10秒間くらい流してから、ドレンボルトを締めて、フロート室内にガソリンが満タンになるのを待ちます。

スクーターのガソリンを流す場合

負圧コックのスクーターは、エンジンが回転しないとガソリンが流れない仕組みになっています。
まずはドレンボルトをゆるめてから、十数回キックするか、セルモーターを回し続けると、ガソリンが流れ出ます。少し流し続けてからドレンボルトを締めます。

セルモーターを10秒以上回さないとガソリンは流れない
キックは連続10回以上する

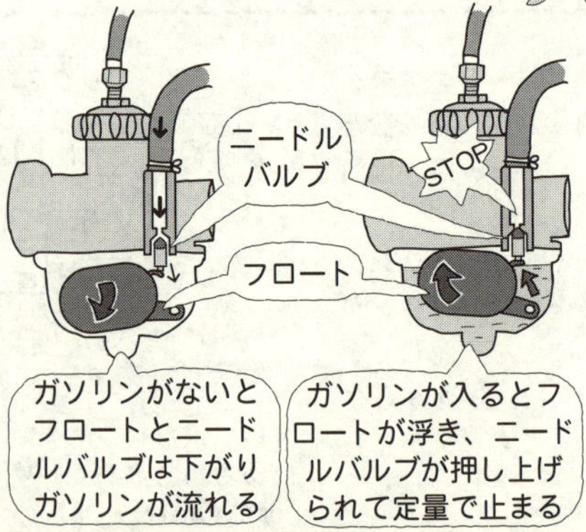
ニードルバルブ
STOP
フロート
ガソリンがないとフロートとニードルバルブは下がりガソリンが流れる
ガソリンが入るとフロートが浮き、ニードルバルブが押し上げられて定量で止まるガソリンが流れ出ないときは、もう一度ガソリンの有無を確認します。ガソリンは十分あるのにドレンボルトから流れ出ないなら、フロートとニードルバルブの動きを見るために再度分解が必要です。

アイドリング調整の準備

エンジンを始動させます。スクーターはキックしてドレンボルトからガソリンが流れ出ても、キックをやめれば止まってしまいます。しばらくキックするなりセルモーターを回すなりして、強制的にキャブレターにガソリンを送り込まないとエンジンは始動しません。

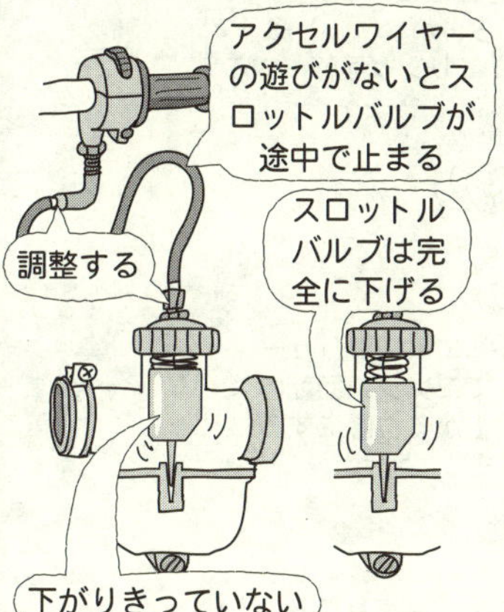
アクセルワイヤーの遊びがないとスロットルバルブが途中で止まる
調整する
スロットルバルブは完全に下げる
下がりきっていない

オートチョークのスクーターは、エンジンが冷えているとかなりの高回転で始動しますが、そのままエンジンが暖まりアイドリング回転になるのを待ちます。

オートチョーク式以外でも、チョークを閉めてエンジンをかけ、エンジンが暖まりアイドリング回転になるのを待ちます。

エンジンが暖まりアイドリング回転をするはずなのに、エンストするなら、アイドルスクリューを締めて回転数を上げます。

逆に高回転が戻らないなら、アイドルスクリューをゆるめて回転数を落とします。

アイドルスクリューとエアスクリューを元どおりに正確に組ん

でいれば、このような不安定な回転にはならないはずです。

アイドリング調整のやり方

エンジンが暖まったら、アイドリング調整をします。アイドリングは1000回転前後ですが、タコメーターがないとこの回転数はわかりませんので、これくらいだったかなと思う回転数でＯＫです。走っているバイクやスクーターのアイドリングの音を聞いて、それに合わせるくらいでも十分です。

アイドルスクリューとエアスクリューが元どおりの回転数なら、だいたいは何もしなくてもアイドリングは安定すると思います。

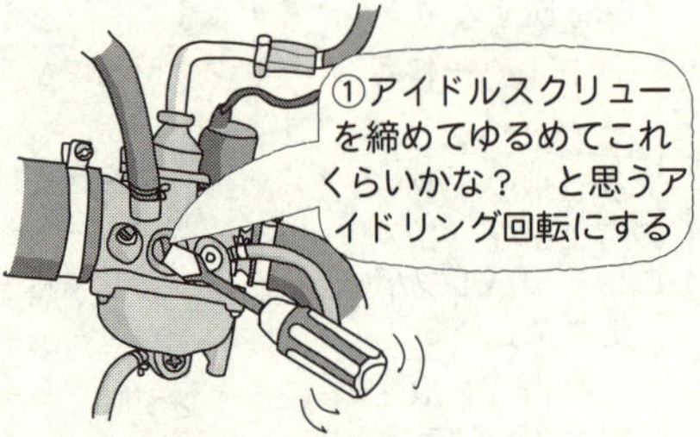
①アイドルスクリューを締めてゆるめてこれくらいかな？　と思うアイドリング回転にする

②エアスクリューでエンジン回転の上がる位置にする
①と②を２～３度繰り返せばアイドリング調整は完了

しかし暖機《だんき》運転後でも、アイドリング回転が高すぎたり、低くてエンストするようなら、アイドルスクリューとエアスクリューを動かして調整します。

①アイドルスクリューを締めたりゆるめたりして、こんなものかな、と思えるアイドリング回転にします。

②エアスクリューを少し締めたりゆるめたりして、回転が少し上がる位置を探し、そこで止めます。

回転が②で上がったなら、再度①でアイドリング回転を下げてから、さらに②をやります。

このとき①や②の調整は、$\frac{1}{10}$回転にもならない微妙な動きです。これを2～3度繰り返すと②をやってもアイドリング回転に変化がなくなります。

各スクリューを分解する前の正確な回転数に戻してあれば、半回転しない微調整のはずです。

その位置でアイドリング調整は完了です。

不調個所がキャブレターだったら、オーバーホールで元気のいいエンジンに変身します。

慣れれば30分もあればできる作業です。楽しみながら挑戦してください。

2《ツー》サイクルエンジンのオーバーホール

エンジンいじりは、部品点数が少なく構造も単純な2サイクルエンジンが入門編です。かなりくたびれてきた2サイクルエンジンの内部には、黒くてかたいカーボンがたまっています。このカーボンを取り除くだけでも、エンジンは元気に復活します。
工具を使った整備の経験者なら、ピストン交換はできます。

エンジンのオーバーホールとは

エンジンのオーバーホールといっても、エンジン全部をバラバラにしたり、クランクケースを割ったりするのは、ベテランでないと無理な作業です。
まずは、シリンダとピストンのカーボンを取るために、ふつうの工具でできる、エンジンの上半分だけを分解することから始めます。
ボアアップなどエンジンの改造部品が多く市販されています。これらの部品取り付けや交換もまったく同じ作業です。

エンジンの
上半分を
分解する

1 始める前に

工具を揃える

エンジンを分解するのですから、車載《しゃさい》工具などではなくて、その場にピッタリ合う工具が必要です。工具が合わないとそこで作業は止まります。無理な使い方をすれば、部品を壊したり傷つけたりします。

これらの工具は絶対に必要です。工具によって整備の楽しさは左右されるので、揃えてからオーバーホールに入ります。

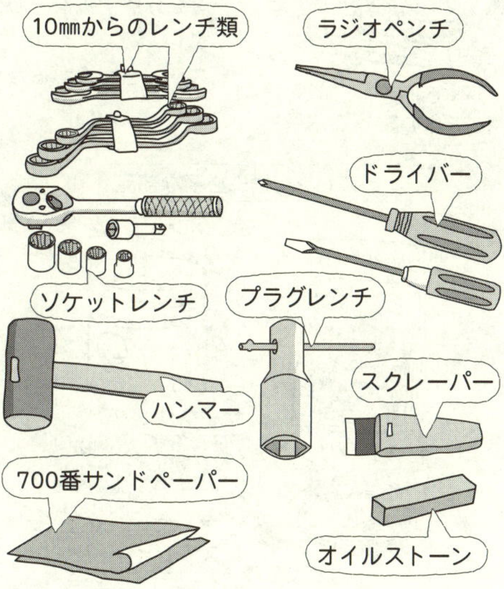
10㎜からのレンチ類
ラジオペンチ
ドライバー
ソケットレンチ
プラグレンチ
スクレーパー
ハンマー
700番サンドペーパー
オイルストーン

交換部品を注文する

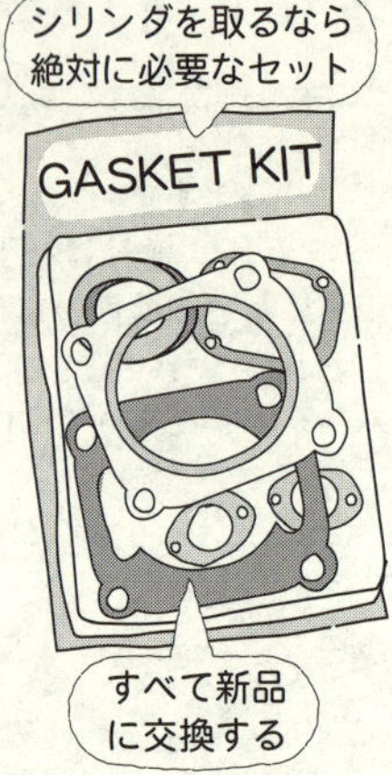
シリンダを取るなら
絶対に必要なセット
GASKET KIT
すべて新品
に交換する

シリンダとピストンのカーボンを取るだけのオーバーホールで、部品の交換はしなくても、密封を保つ役目のガスケットとパッキングは、新品交換になります。
必要なガスケット類は、各メーカーごとに純正の車種専用「ガスケットキット」があり、エンジンを分解するなら必ず交換します。
ピストンを交換するなら、やは

ピストン交換に必要な部品
GASKET KIT
ピストン
サークリップ
ピストンリング
ベアリング
ピストンピン
2本セット
になっている
すべてがセット
になっている

り車種専用の「ピストン交換キット」があり、必要な部品が揃っています。ピストンリングを交換するだけでもかなり性能が戻るので、できればオーバーホールだけでなく、ピストン関係も新品交換がおすすめです。
必要な部品やキットは、バイク店で車種、年式、車体番号で注文できます。

ボアアップキットは
交換するすべてがセ
ットになっている

エンジンを裸にする

交換部品が揃ったら、シリンダを取るための準備をします。
スクーターは外装のカバーをはずします。
メットイン（シート下にヘルメットが入る）形式のスクーターは、エンジンが前方に寝ているタイプが多いようです。カバーをはずしても、エンジン周辺に手が入りにくく、シリンダを抜き取る空間も少ないので、フレームとエンジンをつないでいるフランジボルトを取って、エンジン部とフレームを離します。
メットイン形式以外はカバーを

フランジ
ボルト
ブレーキワイ
ヤーをはずす
フランジボルトとサス
ペンションを取れば
エンジン部は離れる

取ればそのままでシリンダが取れます。
バイクは大きな作業空間をつくるために、ガソリンタンクをはずします。
これからの分解はすべて、また逆の順序で組み付けるので、どのようにはずしたかを必ずメモしておきます。

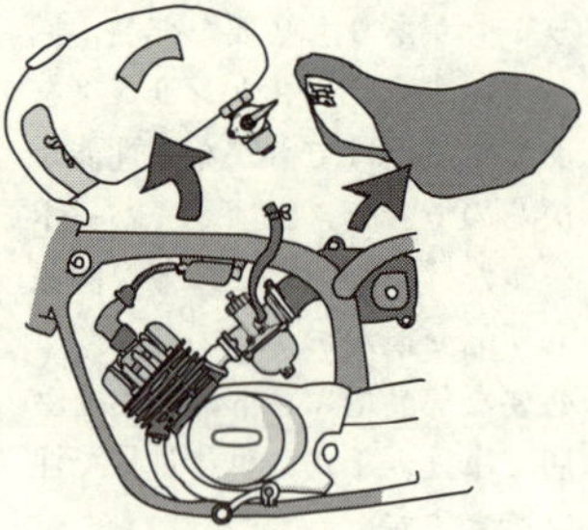

水冷エンジンの水抜き法

ラジエターがついている水冷エンジンには、水抜きの作業があります。

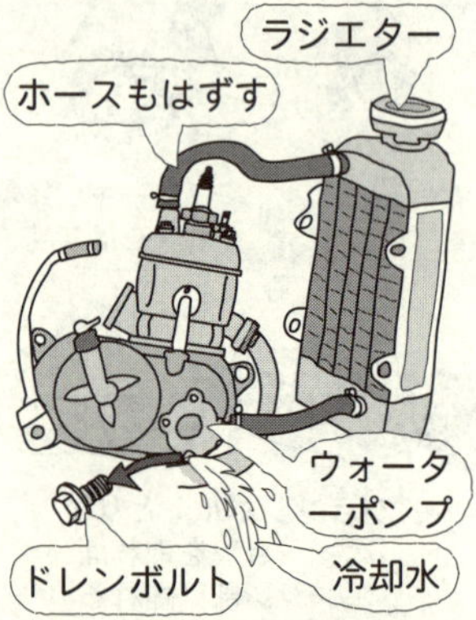

ラジエターからエンジンにつながっているホースをはずせば、ラジエターの水は抜けますが、シリンダ内の水は抜けません。
ラジエター下側ホースにつながっているウォーターポンプ部に、形や色違いのボルトがあり、この中のドレンボルトをゆるめれば水が出てきます。ドレンボルトは車種によっていろいろ違います。
水冷に使う冷却液は不凍液で、再使用はしません。

キャブレターとマフラーをはずす

スクーターはエンジンを囲むファンカバーをはずします。
キャブレターはシリンダ側ボルトをはずして取ります。
マフラーもはずしますが、注意するのはシリンダ側にある２本のボルトとナットです。排気の熱で材質が弱くなっている可能性があるので、無理にゆるめると折れたり、ちぎれたりします。

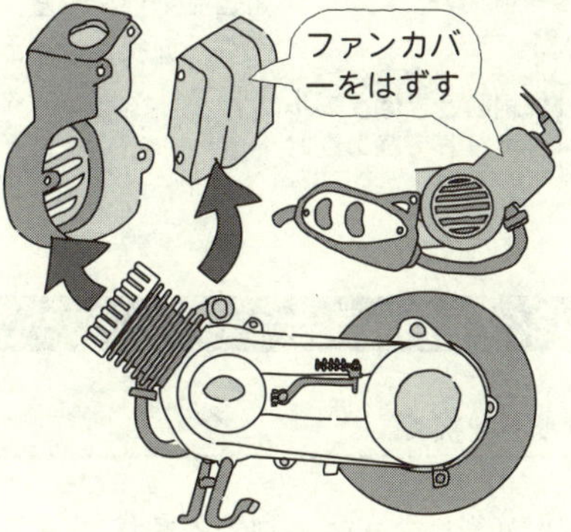
ファンカバーをはずす

熱で弱っているので前日から吹いておく
ソケットレンチ、めがねレンチを使う
潤滑浸透

ナットがゆるまず
スタッドボルトが
抜けるときもある
組むときはダブル
ナットで締め込む

この2本には、潤滑浸透スプレーを前日から何度も吹いておいて、ゆるみやすくしておきます。
かなり力を入れてもゆるまないときは、一度締め込んでみるのもゆるめるときのコツです。
ここまではずすと、エンジン上半分は丸裸になります。

② シリンダを掃除する

シリンダヘッドを抜く

エンジン上部が丸裸になったら、シリンダヘッドの4個のナットをゆるめます。
まず1個のナットを半回転ゆるめたら、対角線上のナットを同じ程度ゆるめる、を繰り返して全体のナットを平均にゆるめます。
次も同じ手順で全体を1回転くらいゆるめれば、あとは自由にゆるめてナットを取ります。
最初にナットを半回転ゆるめるとき、絶対に感じてほしいのは、どのくらいの力加減なのかということ。そしてそれを覚えておくことです。組むときに、同じ工具を使って同じ力加減で締めるためです。
ナットを取ればシリンダヘッドは固着する部分がないので軽く

抜けます。シリンダヘッドとシリンダの間には、薄い金属のガスケットが入っています。

ゆるめたときの
力を覚えておく
プラグは取る
シリンダ
ヘッド
ガスケット
ピストン

シリンダをはずす

シリンダはボルトなどで固定されていないのに、ガッチリと固まっているはずです。シリンダ下側とクランクケースの合わせ面に入っているガスケットが、べったりと貼りついている状態なのです。
プラスチックハンマーならそのまま、鉄ハンマーならシリンダに木片を当てて、四方を軽くたたいてショックを与えます。1ヵ所がグラッと動いてもそこでやめないで、全体が動くようになるまで軽くたたきます。シリンダ全体が動くようになったら、そのまま上に引き抜きます。ガスケットがシリンダとクランクケース両方に貼りついて邪魔《じゃま》をしますが、ガスケットは新品交換なので、引きちぎって

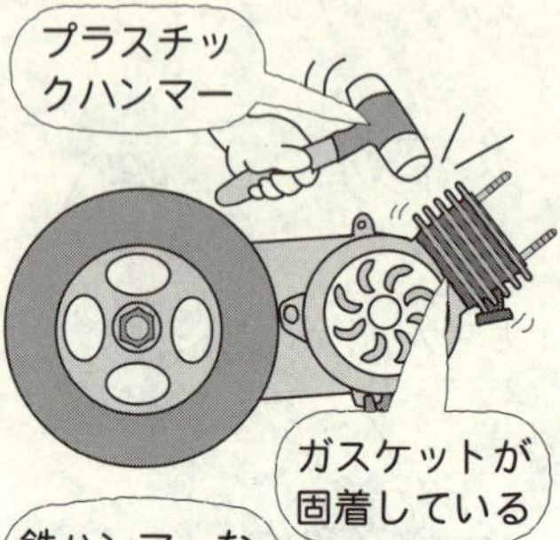
プラスチックハンマー
ガスケットが固着している

鉄ハンマーなら板を当てる

もかまいません。
シリンダの下側には、リードバルブが出ている機種もあります。リードバルブは衝撃やゴミに弱いので、シリンダを置くときはぶつけないように注意します。

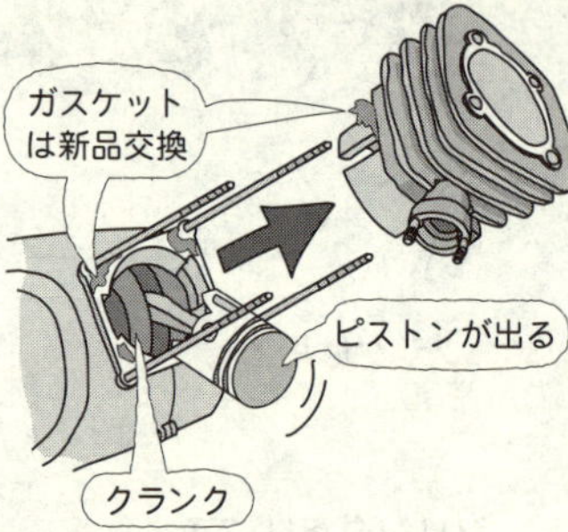
ガスケットは新品交換
ピストンが出る
クランク

リードバルブは潤滑浸透スプレーで掃除をするだけにしていじらないこと
下にリードバルブが出ている形式はぶつけないこと！

クランクケースに布を詰める

シリンダが抜けるとピストンが顔を出します。クランクケース内のクランクの一部も見えます。この内部が見える部分には、すぐにボロ布を詰め込みます。ギュウギュウとすき間がないようかたく詰め込みます。

これはゴミを防ぐためですが、ガスケットを削《けず》り取るときや、ピストンをはずすときや組むときに、小さな部品が落ちてクランクケース内に入らないためにも必要です。

クランクケースに
布をかたく詰める

③ ピストンのはずし方

サークリップを取る

布をすき間なくしっかり詰めたら、サークリップを取ってピストンをはずします。サークリップはピストンの両側にありますが、片方だけはずせばＯＫです。

サークリップの切り口の位置をメモしてから、ラジオペンチでサークリップの端をはさんで、回しながらはずします。サークリップはスプリングなので、縮めながらはずしますが、しっかりはさんでいないと飛び出すので注意してください。

縮めるように回して
サークリップをはずす
サークリップは
スプリング

ピストンピンを抜く

サークリップが残っているほうから、指でピストンピンを押し出します。ピストンピンは完全に抜かず、$\frac{3}{4}$くらい抜けばピストンは取れます。

普通は指で押し出せますが、軽

指で押せ
ば抜ける
ピストンピン
全部抜かなく
てもピストン
は取れる

く焼きついたりしていると、かたくて抜けない場合もあります。このときは同じくらいの太さの丸棒をピストンピンに当てて、ピストンの反対側に当て木をしてから、ハンマーでたたいて抜きます。

ハンマーを使うなら
当て木が必要

ベアリングを抜き取る

ピストンピンが抜ければピストンは取れます。ピストンピンが抜けたコネクティングロッドには、ベアリングが残っているので忘れずに抜き取ります。
カーボンを取るのが目的で、はずした部品を再度組み立てるつもりでも、傷がついたり曲がったりしたら、再使用はあきらめてください。ピストン交換セットは、ここまではずした部品全部が新品で揃っています。

エンジンはこれ以上分解する個所はありません。

コネクティングロッド
ベアリング

クランクケースに残ったパッキングは

クランクケースにはちぎれたガスケットの残りが貼りついているはずです。この面をいい加減に処理すると、あとで圧縮もれを起こしたりして性能に大きく影響します。

スクレーパーで傷をつけないようにガスケットを削り取ります。カッターナイフは刃《は》が当たって、やわらかな材質のクランクケースを傷つけることが多いので使用禁止です。

ガスケットが取れたら、オイルストーンで仕上げます。オイルストーンは水ではなくオイルを

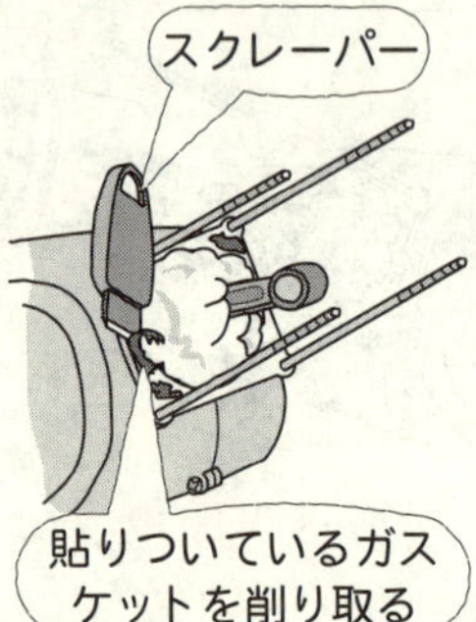
スクレーパー
貼りついているガスケットを削り取る

オイルで磨くオイルストーン
オイル

平らになるように面を軽く磨きます

ゴミをエンジン内に落とさないように布を取る

新しい布を詰め込む

使う砥石《といし》です。オイルストーンにエンジンオイルをたらして、クランクケース表面を磨《みが》きます。700～1000番のサンドペーパーでも代用できますが、オイルストーンできっちり平面を出すのが理想的です。
スクレーパーもオイルストーンも高価なものではないので、揃えてください。
クランクケースに詰めた布には削りカスなどがついているはずです。そのカスがエンジン内部に入らないように注意して布をはずし、再度きれいな布をきっちりと詰め込みます。

④ シリンダの点検方法

シリンダヘッドの汚れを落とす

ここまでで必要な分解は終わり、各部品の点検と真っ黒についているカーボンを落とします。ボアアップなどは、各部品を新品交換するので、この作業はやりません。
点検順序に決まりはありませんが、まずはシリンダヘッドから

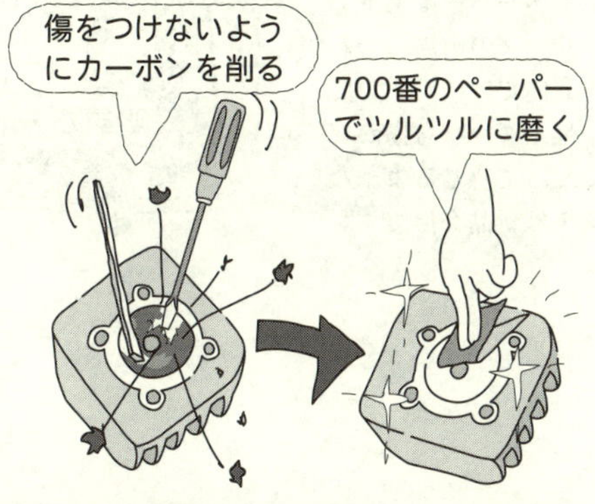
傷をつけないように
にカーボンを削る
700番のペーパー
でツルツルに磨く

です。シリンダヘッドの内側、燃焼室は炭化したカーボンで真っ黒だと思います。
シリンダヘッドのやわらかなアルミ材を傷つけないように、かたいカーボンはマイナスドライバーで削り落とします。だいたい取れたら割りばしなどのやわらかな材質のものに換えて、力を入れてこすり取ります。
仕上げは700番の耐水ペーパーで水研《みずと》ぎをすれば、燃焼室の表面はツルツルピカピカになり、シリンダヘッドのオーバーホールは完了です。

シリンダの磨き方

シリンダはまずピストンが入っていた内側を見ます。全体にツルンと光っていれば問題ありませんが、目で見える傷がついていたら問題です。
小さな傷なら、700番のサンドペーパーで軽く磨いて傷を消します。サンドペーパーは上下ではなく、シリンダの円周に合わせて、左右方向だけに動かして磨きます。軽く磨いても傷が取れず、指で触って感じるようなら、シリンダは新品交換です。

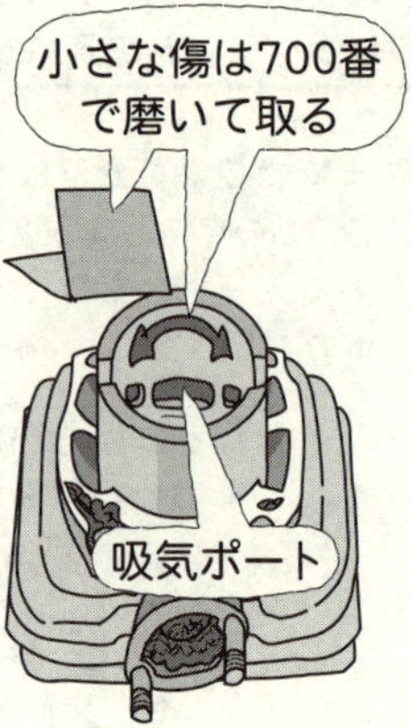
小さな傷は700番
で磨いて取る
吸気ポート

カーボンを取る

シリンダの排気口には黒いカーボンがたっぷりとついていて、ひどい場合はカーボンで排気口が小さくなっています。
シリンダは鉄製が多く、マイナスドライバーで強引に削っても大丈夫です。ただし力が余ってドライバーを突き出して、シリンダ内側を傷つけないように注意します。
排気口の内側は最初からツルツルではないので、カーボンが取れれば特別な仕上げはいりません。

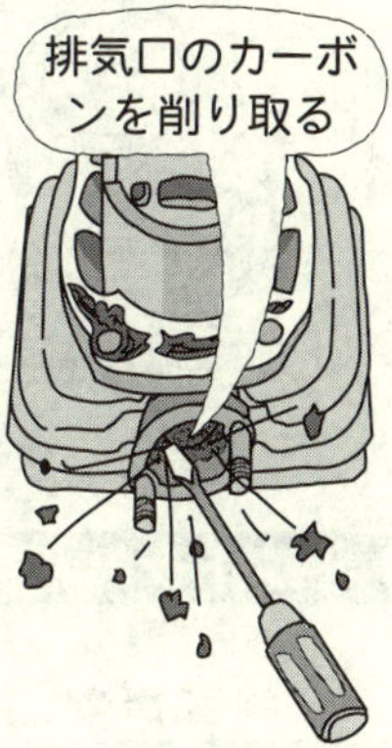
排気口のカーボンを削り取る

残ったガスケットを取る

シリンダ下側にもガスケットの残りが貼りついているはずです。クランクケースのガスケット取りと同じ方法で取ります。鉄製のシリンダなら、強引にスクレーパーで削り取り、700番のサンドペーパーで仕上げの磨きをすればＯＫです。
磨いたシリンダは、ゴミやホコリがつかないように、すべての穴に布を詰め込んでおきます。

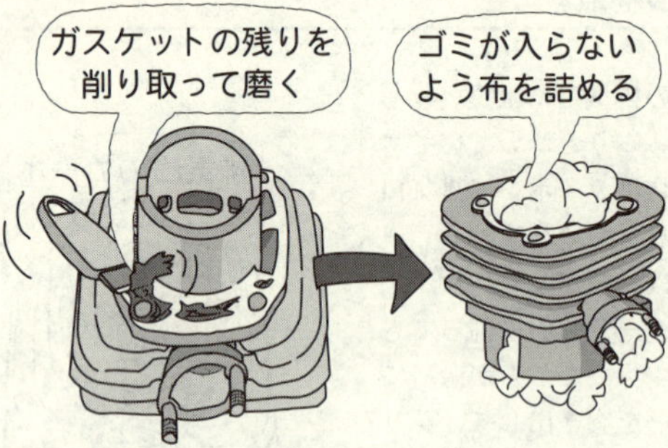
ガスケットの残りを
削り取って磨く
ゴミが入らない
よう布を詰める

5 ピストンの点検方法

ピストンは軽く磨く

ピストンの表面には傷がないはずですが、長い間使っていれば小さな傷はつきます。指で触って傷とわかる凸凹があるなら、新品交換です。

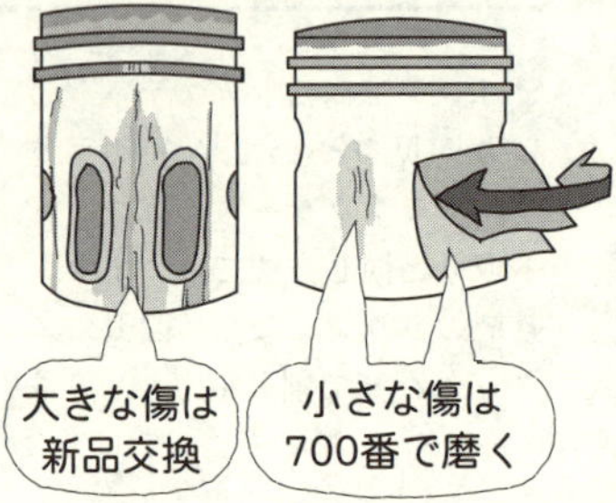
大きな傷は
新品交換
小さな傷は
700番で磨く

エンジンオイルがないのに走ったりすると、ピストンには上下垂直に引っかいたような傷が何本も残ります。これは焼きつき寸前の状態なので、新品交換以外に方法はありません。

小さな傷は700番のサンドペー

パーで磨きますが、シリンダ内側を磨いたときと同じように、円周に沿って左右に軽く磨いておきます。光るほどは磨かずに、そーっとなでる程度の磨き方です。

ピストンリングのはずし方

部品を交換しないオーバーホールでも、ピストンリングだけは新品交換をしましょう。
ピストンリングの切り口は広がりますが、無理に広げたり曲げたりすると折れることがあります。
はずし方は、両手でピストンを包み込むように持ち、トップリングの切り口に両手の親指を当てます。親指でリングの切り口を広げるとリング全体が大きくなります。
親指は広げたままの位置で、人差し指でリングを押し上げると、リングはピストンから抜けます。
セカンドリングも同じようにして、トップリングの溝に一度押し上げてから取ります。

ピストンリング
人差し指で押し上げる
トップリング
親指でリングの切り口を押し広げる
セカンドリング

ピストンのカーボン取り

ピストンを新品交換しないなら、ピストンの頭についた黒いカーボンを取ります。取り方はシリンダヘッドと同じです。ピストンリングの溝にもカーボンはたまります。古いリングを折ってリングでかき出すように掃除します。

カーボンを
取って磨く
古いピストン
リングが使える

COLUMN

ピストンリングの見分け方

2本あるピストンリングでは、トップリングとセカンドリングは違うものなので、組むことを想定して、はずすときも相違点を確認しながらはずします。大きさは同じでもリングの厚さや、断面の形も違います。
さらにどちらのリングにも裏表があります。通常は表側に文字が刻印されていますが、はずすときに確認してください。

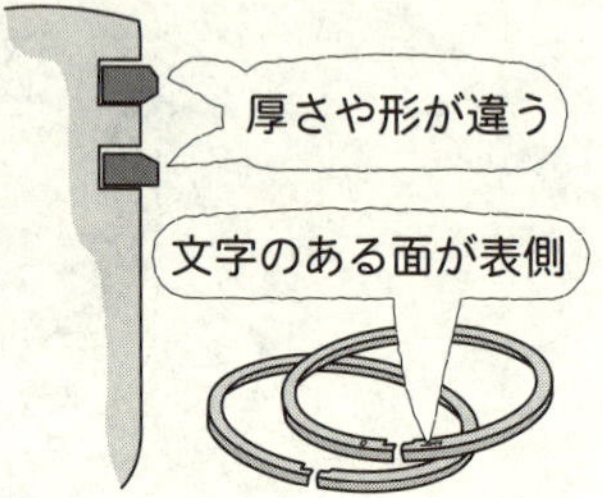
厚さや形が違う
文字のある面が表側

ピストンリングを組む

掃除が終わったピストンに、ピストンリングを入れます。まずはどちらにも、エンジンオイルをたっぷりつけてからの作業です。ヌルヌルして作業はやりにくくなりますが、はずしたときの逆順序で進めます。
裏表を確認してから、セカンドリングから組みます。両手の親指でリングの切り口を広げてから、人差し指でリングを押し下げてトップリング溝に入れます。もう一度広げてセカンドリング溝に入れます。
２本のリングが入ったらゴミがつかないように保管します。

たっぷりとオイルをつける
親指で広げて人差し指で押し下げる

⑥ 組み立ての準備

組む前にオイルを塗る

これから逆順序で組み立てていきますが、シリンダ上下に入るガスケット以外は、すべての部品にたっぷりとオイルを塗って、全体をヌルヌルにしてから組みます。
使用するエンジンオイルは2サイクル・4《フォー》サイクル用ならＯＫ

です。
新ピストンと交換なら、ピストンの片方にだけサークリップを入れておきます。

各部品にエンジンオ
イルをたっぷり塗る

サークリップを
片方だけ入れる

ピストンを取り付ける

ピストンを組む前に、ピストンピンが入るコネクティングロッドの穴とベアリングに、たっぷりオイルをつけます。
丸いピストンには組む方向があります。頭部に矢印かＥＸの文字があれば、その方向を排気側に向けます。ＩＮとあればキャブレター側に向けます。

ベアリングを入れてから、ピストンをコネクティングロッドにかぶせ、ピストンピンを貫通させ、サークリップを入れます。
サークリップを入れたら、ピストンの切り口とサークリップの切り口が、はずす前と同じ位置になるように、サークリップを回して調整します。

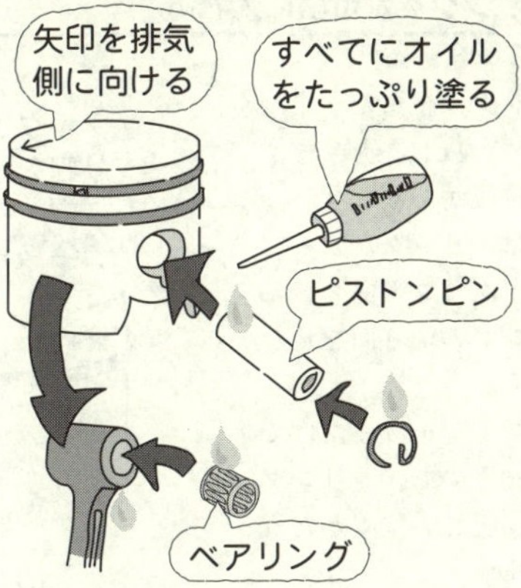
矢印を排気
側に向ける
すべてにオイル
をたっぷり塗る
ピストンピン
ベアリング

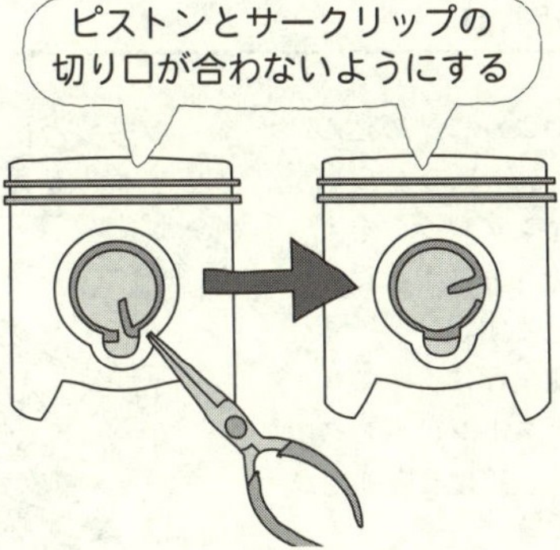
ピストンとサークリップの
切り口が合わないようにする

ピストンリングを定位置に入れる

ピストンリングは組んだままだとユルユルで自由に動きますが、固定の位置があります。
正しい位置は、リングが入っている溝にノックピンがあり、このピンにリングの切り口を合わせることです。
リングはピストンを触るだけでも動いてしまうので、シリンダに入れる前に正しい位置かどうかを確認します。

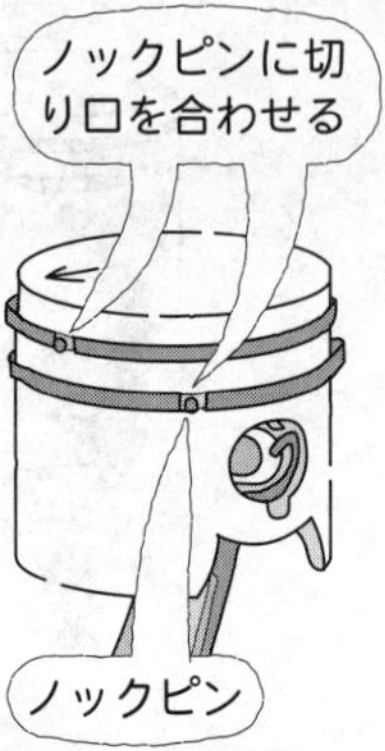
ノックピンに切り口を合わせる
ノックピン

シリンダを組む前に

ゴミが入らないように詰め込んだ布をクランクケースから取り、コネクティングロッドを上下させて、動く部分にたっぷりとオイルを差します。
シリンダの内側全体にもオイルを塗ります。ピストンにもピストンリングにも、再度オイルを塗ります。
ガスケットにはオイルをつけないので、ガスケットが入る面のオイルをふき取り、ガスケット

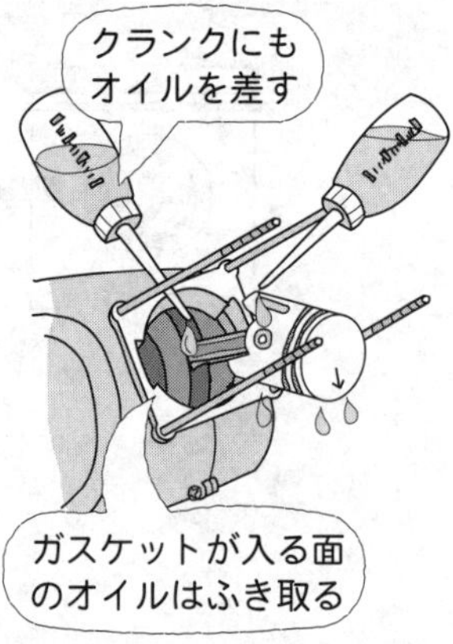
クランクにもオイルを差す
ガスケットが入る面のオイルはふき取る

を入れます。

ガスケット
を入れる
ガスケット

⑦ シリンダの組み方

シリンダを入れる

ピストンリングが正しい位置にあるかを確認して、たっぷりオイルを塗ったシリンダを、４本のスタッドボルトに入れます。
ピストンがシリンダに入る状態になったら、トップリングを指で縮めてシリンダを押し下げると、トップリング部分がシリンダの中に入ります。
トップリングが入ったらセカンドリングを指で縮めて、シリンダを押し下げると、抵抗なくシリンダはクランクケースまで下がって定位置に収まります。
まだ完全に入っていない状態や、ピストンリングが定位置からずれているのに、無理に押し入れると、リングは折れたり曲がったりします。
１人では手《て》探《さぐ》りの作業になりま

すが、2人でシリンダとピストンを分担してやれば楽な作業です。

シリンダの重さで下げる。無理に下げるとリングが折れる
リングを指で縮める
ピストンが入ればシリンダはスポッと収まる

シリンダヘッドを仮組みする

シリンダが収まったら、オイルはつけないでガスケットを入れ、シリンダヘッドを組みます。
４個のナットは対角線で締めてシリンダを止めますが、このまま本締めはしません。ユルユルの仮締め状態にしておきます。ここで本締めをしてしまうと、エンジンが焼きつく恐れがあるのです。

シリンダヘッド
ガスケットにオイルはつけない

手で締めるだけの仮締めでＯＫ

強く連続キックする

４個のナットは仮締めのままで、セルモーターを回すか、激《はげ》しく連続キックをします。プラグが入っていなければ圧縮空気は抜けるので、キックは軽いはずです。
キックすることでピストンが動き、それに合わせてシリンダも動いて、お互いに最適な位置に調整されます。
キックをしながらナットも締めていきます。これも2人でやると楽な作業です。
キックをしながら締めるという作業をやらないと、ピストンとシリンダがなじまず、最悪の場合はエンジンが焼きつきます。

シリンダヘッドを本締めする

ナットが締まってかたくなったらキックをやめて、本締めをします。
ナットをゆるめたときと同じ工具を使い、ゆるめたときの力を思い出して本締めをしてください。歯を食いしばって締めるほどの力は使いません。もう少し締めたいと思えるくらいでちょうどいいのです。

これでエンジンのオーバーホールは完了です。

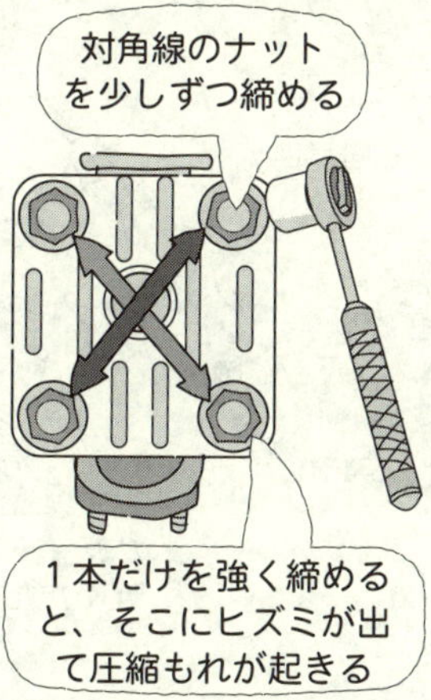
対角線のナット
を少しずつ締める
1本だけを強く締める
と、そこにヒズミが出
て圧縮もれが起きる

⑧ 最終段階まで気を抜かない

マフラーのカーボン取り

マフラーのエキゾースト部分にもカーボンがたまります。ひどくなるとマフラーが詰まるほどになります。
かたくて厚いカーボンなので、マイナスドライバーで強引にはがしながら削り取ります。
エキゾーストパイプが曲がってドライバーが届かない場所は、ハンマーで軽くたたいて衝撃を与えながら取ります。
以前はカーボンを取るために、マフラーをたき火に入れて燃やしたりしたのですが、これはお

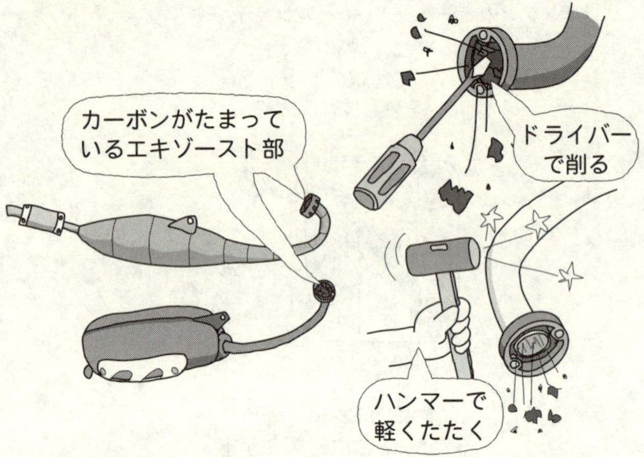
カーボンがたまっているエキゾースト部
ドライバーで削る
ハンマーで軽くたたく

すすめできません。熱でマフラーが変形したり、塗装が燃えたり、メッキが変色して悲惨《ひさん》な外見になります。

また、スクーターのマフラー内部は複雑な構造になっているので、中のカーボンを燃やしても、燃えカスは外に出ません。

確認しながら組む

エンジンが組み上がれば、はずした部品やホース類を元どおりに組みます。

どの部品を組むときでも、１つずつ確実に本締めをして固定します。あとから本締めしようと仮止めにしておくと、忘れてその上からほかの部品をつけてしまい、走り出してからトラブルになります。

燃料関係のホースは確実につなぎます。とくにオイルホースはつなぎ忘れると、エンジンが焼きつきます。
部品を取り付けたら、そのたびに確実に固定されているか確認して次に進みます。最後になってボルトやナットが余ると、心配で走れないことになります。

ガソリンホースよしっ！
オイルホースもよ～し！
部品は確実に
取り付けていく

慣らし運転は重要

オーバーホール後にエンジンを始動すると、マフラーからは白《はく》煙《えん》が大量に出ますが、これはピストンを組むときに塗ったオイルが燃えているので、心配ありません。しばらくすれば排気の白煙は消えます。
ピストン交換をしたら、しばらくは30km／hぐらいで走る「慣らし運転」をします。慣らし運転は遅く走ればいい、というものではありません。自動変速のスクーターなら30km／hくらいがいいのですが、ギヤつきのバイクだと事情が違ってきます。1速ギヤでエンジン全開の30km/hや、5速ギヤでノッキングを起こしながらの30km/hは最悪です。

速度にこだわるのではなく、スムーズなエンジン回転が欲しいので、慣らし運転中は急激なアクセル操作で低・高回転にしないで、エンジンは中回転を保ちながら走るようにします。

オーバーホール後ならば、100kmも慣らし運転をすれば、あとは全開走行もＯＫです。

でも、ボアアップなどでエンジンの上半分をそっくり交換したのなら、300km以上の慣らし運転が必要です。

30km/h以下でないとダメなのかな？
慣らし運転とは、遅く走ることではない
スムーズに走れるギヤを選ぶ

増し締めは忘れずに

2サイクルエンジンにカーボンはつきものです。そのたまったカーボンが取れれば、新車の性能に近づきます。

慣らし運転が終わるころ、オーバーホールでゆるめて締めたボルト、ナット類全部を増し締めします。増し締めとは、締めたボルトなどを再度締めることです。やってみればわかりますが、かなりゆるんでいるものです。

増し締めをすませば、これで2サイクルエンジンのオーバーホールの完了です。

エンジンの分解組み立てをしたのですから、整備の自信もついていることと思います。自分で整備や調整をすると快適に楽しく走れます。

市販されているさまざまなスペシャル部品を組み込んで、世界でただ1台の自分だけのバイクにするためにも、整備点検、オーバーホールのテクニックは必要です。

本書がいろいろな整備に、楽しく挑戦してもらう手助けになることを願っています。

自分で整備すると、走りとメカいじりの両方が楽しめる

本作品は当文庫のための書き下ろしです。

伊東 信―1940年、東京都に生まれる。最初に乗ったオートバイは1951年式のホンダドリームD型。２《ツー》サイクルエンジンの98ccで、タンク横のレバーを操作する手動の２速ギヤだった。当時の車やオートバイは故障するのが当たり前。故障が怖くて、バイク店に通ってオートバイの整備を覚える。2010年逝去。
メカニックに強くて、イラストが描けるフリーのオートバイジャーナリストとして、30年以上にわたり、数多くのバイク雑誌に記事を掲載。連載中の月刊「モトチャンプ」誌での整備・改造の記事は、350回を超えた。
著書には『イトシンの　イラスト50ccバイク　レストア』（講談社ソフィア・ブックス）がある。

講談社＋α文庫　イラスト完全版《かんぜんばん》
イトシンのバイク整備《せいび》テク
伊東《いとう》 信《しん》

2001年12月20日第１刷発行
2016年６月20日第14刷発行

発行者――――鈴木 哲
発行所――――株式会社 講談社
東京都文京区音羽2-12-21 〒112-8001
電話 編集(03)5395-3522
販売(03)5395-4415
業務(03)5395-3615

装画――――伊東 信
デザイン――――鈴木成一デザイン室
カバー印刷――――凸版印刷株式会社
本文組版――――朝日メディアインターナショナル株式会社
印刷――――慶昌堂印刷株式会社
製本――――株式会社国宝社

落丁本・乱丁本は購入書店名を明記のうえ、小社業務あてにお送りください。
送料は小社負担にてお取り替えします。
なお、この本の内容についてのお問い合わせは
第一事業局企画部「＋α文庫」あてにお願いいたします。
Printed in Japan ISBN4-06-256573-0
定価はカバーに表示してあります。

講談社+α文庫 ©生活情報

- **食材すっきり使いきり 裏ワザ131** 村上祥子
  キッチン&冷蔵庫の食材やおかずの余り物をすっきりキレイに食べきるシンプル節約術! 657円 C 17-5
- ***田崎真也特製! ワインによく合うおつまみ手帖** 田崎真也
  世界最高峰ソムリエのオリジナルレシピと、その料理にピッタリのワインデータを紹介! 667円 C 31-2
- **絵を描きたいあなたへ** 道具の選び方からスケッチ旅行のノウハウまで 永沢まこと
  スケッチの達人があなたの手を取って教えてくれる描く楽しみ、誰でも上手くなる練習法 740円 C 32-3
- **ケンタロウの「おいしい毎日」** ケンタロウ
  人気料理家の痛快エッセイ! 日々の暮らしで起こった、この際だから言っておきたい31話 648円 C 36-2
- **ケンタロウのフライパンひとつでうれしい一週間!** ケンタロウ
  ケンタロウさんが愛してやまない、フライパンを駆使した料理85品を紹介 648円 C 36-3
- **じょうぶな子どもをつくる基本食** 幕内秀夫
  増えつづける小児生活習慣病。誤った「食育」の常識を、根本から改善する方法とは? 690円 C 37-2
- **28歳からは「毒」になる食事** 幕内秀夫
  若くやせた女性に婦人科系疾患が激増。現代女性に共通する食とライフスタイルの大問題 695円 C 37-3
- ***イラスト完全版 イトシンのバイク整備テク** 伊東信
  全工程を500点のイラストで絵解き。メカ初心者でも世界でたった1台のバイクができる!! 880円 C 50-1
- ***セルライトがすっきり 美脚痩《そう》身《しん》術《じゅつ》** ナターシャ・スタルヒン
  なぜ、下半身ばかり太くなる? デコボコ脂肪「セルライト」の正体と最新撃退法を解説 700円 C 58-2
- **食べて、動いて「美脚になる50の習慣」** ナターシャ・スタルヒン
  「食べて細くなる」究極の脚やせバイブル! 気軽にできて美脚がかなう50の秘密を伝授 600円 C 58-5

*印は書き下ろし・オリジナル作品

表示価格はすべて本体価格(税別)です。本体価格は変更することがあります

講談社+α文庫 ©生活情報

- **大人のピアノ入門** 3ヵ月で弾けるようになる「コード奏法」　鮎川久雄
  40代でピアノを始めた「普通のおじさん」が3ヵ月でソロを弾いた！ 夢を叶えた体験的練習法　600円 C 192-1
- **3秒で解決!! はかどる！ パソコン術**　中山真敬
  さくっと読めて、パソコン操作が劇的に速くなる！「できる人」が使っているワザを紹介　630円 C 193-1
- シンプルで粋！ **今すぐつくれる江戸小鉢レシピ**　車 浮代
  からだにもお財布にもやさしい、エコな知恵が満載！ 簡単で気の利いた〝おつ旨〟和食　750円 C 194-1
- **ひとりで飲む。ふたりで食べる**　平松洋子
  梅干し、木綿豆腐、しいたけ……。当たり前の味が心に染みる。72点のレシピとともに　920円 C 195-1
- **もめない！ 損しない！「相続」安心読本**　河西哲也
  基礎控除額4割引き下げ！ もう相続税は他人事じゃない！ 賢い節税、遺産分割を伝授　670円 C 196-1
- **不調の95%は、「首」で治る！** 原因不明の頭痛・めまいにもう悩まない　松井孝嘉
  首に着目し、30年以上治療にあたってきた名医が教える、「首」から健康になる生き方　590円 C 197-1
- **ていねいに暮らしたい人の、「一生使える」器選び**　内木孝一
  製法から流通までを知り尽くしたプロが、和食器のイロハから、目利きになるポイントを伝授　750円 C 198-1
- **ピアノを弾きたいあなたへ** 大人のピアノ入門から再挑戦まで、上達の秘訣126　樹原涼子
  何歳からはじめてもOK！ 上達の新常識から挫折しないコツまで、画期的な情報満載！　600円 C 199-1
- **慢性頭痛とサヨナラする本**　岩間良充
  薬を飲んでも治らない頭痛を、簡単なストレッチだけで解消する「頭痛ゾーン療法」を紹介　590円 C 200-1
- **「疲れない身体」をいっきに手に入れる本** 目・耳・口・鼻の使い方を変えるだけで身体の芯から楽になる！　藤本 靖
  「耳ひっぱり」や「割り箸を奥歯で嚙む」だけで、一瞬で全身がほぐれるボディワーク　680円 C 201-1

＊印は書き下ろし・オリジナル作品

表示価格はすべて本体価格(税別)です。本体価格は変更することがあります

講談社+α文庫 Ⓖビジネス・ノンフィクション

ネットと愛国　安田浩一
現代が生んだレイシスト集団の実態に迫る。反ヘイト運動が隆盛する契機となった名作　900円 G 264-1

モンスター 尼崎連続殺人事件の真実　一橋文哉
自殺した主犯・角田美代子が遺したノートに綴られた衝撃の真実が明かす「事件の全貌」　720円 G 265-1

アメリカは日本経済の復活を知っている　浜田宏一
ノーベル賞に最も近い経済学の巨人が辿り着いた真理! 20万部のベストセラーが文庫に　720円 G 267-1

警視庁捜査二課　萩生田 勝
権力のあるところ利権あり——。その利権に群がるカネを追った男の「勇気の捜査人生」!　700円 G 268-1

角栄の「遺言」「田中軍団」最後の秘書 朝賀昭　中澤雄大
「お庭番の仕事は墓場まで持っていくべし」と信じてきた男が初めて、その禁を破る　880円 G 269-1

やくざと芸能界　なべ おさみ
「こりゃあすごい本だ!」——ビートたけし驚嘆! 戦後日本「表裏の主役たち」の真説!　680円 G 270-1

*世界一わかりやすい「インバスケット思考」　鳥原隆志
累計50万部突破の人気シリーズ初の文庫オリジナル。あなたの究極の判断力が試される!　630円 G 271-1

誘蛾灯 二つの連続不審死事件　青木 理
上田美由紀、35歳。彼女の周りで6人の男が死んだ。木嶋佳苗事件に並ぶ怪事件の真相!　880円 G 272-1

宿澤広朗 運を支配した男　加藤 仁
天才ラガーマン兼三井住友銀行専務取締役。日本代表の復活は彼の情熱と戦略が成し遂げた!　720円 G 273-1

巨悪を許すな! 国税記者の事件簿　田中周紀
東京地検特捜部・新人検事の参考書! 伝説の国税担当記者が描く実録マルサの世界!　880円 G 274-1

*印は書き下ろし・オリジナル作品

表示価格はすべて本体価格(税別)です。本体価格は変更することがあります